中国高职院校计算机教育课程体系规划教材

丛书主编：谭浩强

数据库原理与应用

李建义　主编　崔玉宝　副主编

中国铁道出版社
CHINA RAILWAY PUBLISHING HOUSE

内 容 简 介

按照理论够用、实践性强的原则，本书结合实际应用例题，简明扼要、通俗易懂地介绍了关系型数据库设计理论及应用方法。

本书结合 SQL Server 2000 开发环境对关系型数据库基本理论进行讲解，以"图书借阅管理系统"的开发过程为实例，并融入作者多年的教学和科研实践经验，从数据库应用系统的常用功能模块、设计方法等实际应用为出发点，介绍了如何利用 Java 进行数据库管理系统的设计开发，实现了数据库原理和应用的有机结合。

全书共分 9 章，原理部分包括数据库技术概论、关系数据库理论基础、结构化查询语言 SQL、SQL Server 的 T-SQL 语言、数据库安全及维护、数据库系统设计、数据库接口；应用部分包括数据库开发实例；最后一章是数据库设计实验。

本书可作为高职高专学生教材使用，也可供各类从事数据库系统开发的人员参考。

图书在版编目（CIP）数据

数据库原理与应用/李建义主编. —北京：中国铁道出版社，2009.7
中国高职院校计算机教育课程体系规划教材
ISBN 978-7-113-10337-8

Ⅰ. 数…　Ⅱ. 李…　Ⅲ. 数据库系统－高等学校：技术学校－教材　Ⅳ. TP311.13

中国版本图书馆 CIP 数据核字（2009）第 129504 号

书　　名：数据库原理与应用
作　　者：李建义　主编

策划编辑：翟玉峰　沈　洁
责任编辑：翟玉峰　　　　　　　编辑部电话：(010) 63583215
编辑助理：周　欣
封面设计：付　巍　　　　　　　封面制作：李　路
版式设计：郑少云　　　　　　　责任印制：李　佳

出版发行：中国铁道出版社（北京市宣武区右安门西街 8 号　　邮政编码：100054）
印　　刷：河北省遵化市胶印厂
版　　次：2009 年 9 月第 1 版　　　2009 年 9 月第 1 次印刷
开　　本：787mm×1092mm　1/16　印张：12　字数：284 千
印　　数：4 000 册
书　　号：ISBN 978-7-113-10337-8/TP · 3465
定　　价：19.00 元

近年来，我国的高等职业教育发展迅速，高职学校的数量占全国高等院校数量的一半以上，高职学生的数量约占全国大学生数量的一半。高职教育已占了高等教育的半壁江山，成为高等教育中重要的组成部分。

大力发展高职教育是国民经济发展的迫切需要，是高等教育大众化的要求，是促进社会就业的有效措施，是国际上教育发展的趋势。

在数量迅速扩展的同时，必须切实提高高职教育的质量。高职教育的质量直接影响了全国高等教育的质量，如果高职教育的质量不高，就不能认为我国高等教育的质量是高的。

在研究高职计算机教育时，应当考虑以下几个问题：

（1）首先要明确高职计算机教育的定位。不能用办本科计算机教育的办法去办高职计算机教育。高职教育与本科教育不同。在培养目标、教学理念、课程体系、教学内容、教材建设、教学方法等各方面，高职教育都与本科教育有很大的不同。

高等职业教育本质上是一种更直接面向市场、服务产业、促进就业的教育，是高等教育体系中与经济社会发展联系最密切的部分。高职教育培养的人才的类型与一般高校不同。职业教育的任务是给予学生从事某种生产工作需要的知识和态度的教育，使学生具有一定的职业能力。培养学生的职业能力，是职业教育的首要任务。

有人只看到高职与本科在层次上的区别，以为高职与本科相比，区别主要表现为高职的教学要求低，因此只要降低程度就能符合教学要求，这是一种误解。这种看法使得一些人在进行高职教育时，未能跳出学科教育的框框。

高职教育要以市场需求为目标，以服务为宗旨，以就业为导向，以能力为本位。应当下大力气脱开学科教育的模式，创造出完全不同于传统教育的新的教育类型。

（2）学习内容不应以理论知识为主，而应以工作过程知识为主。理论教学要解决的问题是"是什么"和"为什么"，而职业教育要解决的问题是"怎么做"和"怎么做得更好"。

要构建以能力为本位的课程体系。高职教育中也需要有一定的理论教学，但不强调理论知识的系统性和完整性，而强调综合性和实用性。高职教材要体现实用性、科学性和易学性，高职教材也有系统性，但不是理论的系统性，而是应用角度的系统性。课程建设的指导原则"突出一个'用'字"。教学方法要以实践为中心，实行产、学、研相结合，学习与工作相结合。

（3）应该针对高职学生特点进行教学，采用新的教学三部曲，即"提出问题——解决问题——归纳分析"。提倡采用案例教学、项目教学、任务驱动等教学方法。

（4）在研究高职计算机教育时，不能孤立地只考虑一门课怎么上，而要考虑整个课程体系，考虑整个专业的解决方案。即通过两年或三年的计算机教育，学生应该掌握什么能力？达到什么水平？各门课之间要分工配合，互相衔接。

（5）全国高等院校计算机基础教育研究会于 2007 年发布了《中国高职院校计算机教育课程体系 2007》（China Vocational-computing Curricula 2007，简称 CVC 2007），这是我国第一个关于高职计算机教育的全面而系统的指导性文件，应当认真学习和大力推广。

（6）教材要百花齐放，推陈出新。中国幅员辽阔，各地区、各校情况差别很大，不可能用一个方案、一套教材一统天下。应当针对不同的需要，编写出不同特点的教材。教材应在教学实践中接受检验，不断完善。

根据上述的指导思想，我们组织编写了这套"中国高职院校计算机教育课程体系规划教材"。它有以下特点：

（1）本套丛书全面体现 CVC 2007 的思想和要求，按照职业岗位的培养目标设计课程体系。

（2）本套丛书既包括高职计算机专业的教材，也包括高职非计算机专业的教材。对 IT 类的一些专业，提供了参考性整体解决方案，即提供该专业需要学习的主要课程的教材。它们是前后衔接，互相配合的。各校教师在选用本丛书的教材时，建议不仅注意某一课程的教材，还要全面了解该专业的整个课程体系，尽量选用同一系列的配套教材，以利于教学。

（3）高职教育的重要特点是强化实践。应用能力是不能只靠在课堂听课获得的，必须通过大量的实践才能真正掌握。与传统的理论教材不同，本丛书中有的教材是供实践教学用的，教师不必讲授（或作很扼要的介绍），要求学生按教材的要求，边看边上机实践，通过实践来实现教学要求。另外有的教材，除了主教材外，还提供了实训教材，把理论与实践紧密结合起来。

（4）丛书既具有前瞻性，反映高职教改的新成果、新经验，又照顾到目前多数学校的实际情况。本套丛书提供了不同程度、不同特点的教材，各校可以根据自己的情况选用合适的教材，同时要积极向前看，逐步提高。

（5）本丛书包括以下 8 个系列，每个系列包括若干门课程的教材：

① 非计算机专业计算机教材

② 计算机专业教育公共平台

③ 计算机应用技术

④ 计算机网络技术

⑤ 计算机多媒体技术

⑥ 计算机信息管理

⑦ 软件技术

⑧ 嵌入式计算机应用

以上教材经过专家论证，统一规划，分别编写，陆续出版。

（6）丛书各教材的作者大多数是从事高职计算机教育、具有丰富教学经验的优秀教师，此外还有一些本科应用型院校的老师，他们对高职教育有较深入的研究。相信由这个优秀的团队编写的教材会取得好的效果，受到大家的欢迎。

由于高职计算机教育发展迅速，新的经验层出不穷，我们会不断总结经验，及时修订和完善本系列教材。欢迎大家提出宝贵意见。

全国高等院校计算机基础教育研究会会长

"中国高职院校计算机教育课程体系规划教材"丛书主编

谭浩强

2008 年 8 月于北京清华园

　　随着网络技术和信息技术的快速发展，数据库技术逐步渗透到各个应用领域，同时也促进了数据库技术的发展。这些都需要有越来越多的人员掌握数据库原理及其开发技术。

　　本书是针对高职高专学生的数据库课程编写的。作者根据多年数据库课程的教学和科研经验，结合实际项目和应用例题，按照理论够用、实践性强的原则，简明扼要、通俗易懂、循序渐进地介绍了关系型数据库设计理论及开发方法。

　　SQL Server 2000 是典型的关系数据库开发环境，对数据库原理的理论有很好的支持，因此本书结合 SQL Server 2000 开发环境对关系型数据库基本理论进行讲解，简化了复杂的数据库设计理论，只从应用的角度介绍数据库必要的支撑理论，主要内容为：第 1 章介绍数据库的基本概念、发展、组成和数据模型；第 2 章介绍关系数据库的理论基础，包括关系、键、关系代数和概念模型；第 3 章介绍结构化查询语言 SQL；第 4 章介绍 SQL Server 2000 的 T-SQL 语言，包括数据类型、T-SQL 编辑、游标、存储过程和触发器；第 5 章介绍数据库安全及维护；第 6 章介绍数据库系统设计步骤、数据库结构设计，以及数据库文档编写标准；第 7 章介绍常用数据库接口，包括 ODBC 接口和 JDBC 接口。

　　目前，Java 是最受欢迎的编程语言之一，几乎所有的高校计算机专业都开设 Java 课程。本书在第 8 章结合使用 Java 开发的"图书借阅管理系统"介绍了一个完整实例的开发过程，充分运用了前面 7 章介绍的数据库理论知识，体现了理论与应用的有机结合。

　　本书第 9 章提供了 9 个实验，可以作为课程中的实验或课程设计使用。

　　通过本书的学习，读者将会掌握必要的数据库理论知识，同时可以独立地开发数据库应用系统，达到学以致用的目的。

　　本书由李建义主编，崔玉宝任副主编。第 3 章、第 4 章由李建义编写，第 1 章、第 2 章、第 5 章和 7～9 章由崔玉宝编写，第 6 章由杨祥平编写。全书由李建义统稿。本书实例程序由崔玉宝编写。参与本书实例程序调试的还有刘立媛、房好帅、王慧娟、李楠、何志学、王静、吕桂凤、曲凤娟、陈刚、金永涛等，在此一并表示感谢！

　　由于时间仓促和作者水平有限，错误和不当之处在所难免，敬请读者批评指正。

编　者

2009 年春

目 录 >>>

第 **1** 章

数据库技术概论

>>>

本章要点

数据库技术作为数据管理的实现技术，已成为计算机应用技术的核心。随着计算机技术、通信技术、网络技术的迅速发展，人类社会进入了信息时代。建立一个行之有效的管理信息系统已成为每个企业或组织生存和发展的重要条件。就某种意义而言，数据库的建设规模、数据库信息量的大小和使用频度，已成为衡量一个国家信息化程度的重要标志。

本章主要介绍数据库的一些基本概念、数据库技术的发展阶段、数据库系统的组成与结构，以及数据模型的概念。通过本章的学习，读者应该掌握以下内容：

- 了解数据库产生的背景
- 掌握数据库技术的基本概念、数据库系统的组成
- 领会数据模型的概念及分类
- 明确数据库管理系统的概念

1.1 基 本 概 念

计算机的出现，使数据处理进入了一个新的时代，数据处理的基本问题是数据的组织、存储、检索、维护及加工利用，这些正是数据库系统所要研究解决的问题。

1.1.1 信息与数据

数据是数据库系统研究和处理的对象。信息是数据的基础，数据又离不开信息，它们既有联系又有区别。

1. 信息（information）

信息是现实世界中各种事物（包括有生命的和无生命的、有形的和无形的）的存在方式、运动形态以及它们之间的相互联系等诸要素在人脑中的反映，通过人脑的抽象后形成概念。这些概念不仅被人们认识和理解，而且人们可以对它进行推理、加工和传播。

2. 数据（data）

数据一般是指信息的一种符号化表示方法，就是说用一定的符号表示信息，而采用什么符号，完全是人为规定。例如，为了便于用计算机处理信息，就要把信息转换为计算机能够识别的符号，即采用 0 和 1 两个符号编码来表示各种各样的信息。所以，数据的概念包括两方面的含义：一是数据的内容是信息，二是数据的表现形式是符号。

数据在数据处理领域中涵盖的内容非常广泛，这里的"符号"，不仅指数字、字母、文字等常见符号，它还包括图形、图像、声音等多媒体数据。

3. 信息与数据的关系

信息与数据的关系是既有联系又有区别。数据是承载信息的物理符号或称之为载体，而信息是数据的内涵。二者的区别是：数据可以表示信息，但不是任何数据都能表示信息，同一数据也可以有不同的解释。正如人们常说的"如果给计算机输入的是垃圾，输出的也将是垃圾"。信息是抽象的，同一信息可以有不同的数据表示方式。例如，足球世界杯期间，同一场比赛的新闻，可以在报纸上以文字形式、在电台以声音形式、在电视上以图像形式表现出来。

1.1.2 数据处理

数据处理是指将数据转换成信息的过程，这一过程主要是指对所输入的数据进行加工整理，包括对数据的收集、存储、加工、分类、检索和传播等一系列活动，其根本目的就是从大量的、已知的数据出发，根据事物之间的固有联系和运动规律，采用分析、推理、归纳等手段，提取出对人们有价值、有意义的信息，作为某种决策的依据。

我们可以用下面的式子简单地表示出信息与数据之间的关系：

$$数据 \longrightarrow 处理 \longrightarrow 信息$$

上面式子中数据是输入，而信息是输出结果。人们有时说的"信息处理"，其真正含义应该是为了产生信息而处理数据。例如，学生的"出生日期"是有生以来不可改变的基本特征之一，属于原始数据，而"年龄"是当年与出生日期相减而得到的数字，具有相对性，可视为二次数据。同样道理，"参加工作时间"、产品的"购置日期"是职工和产品的原始数据，工龄、产品的报废日期则是经过简单计算得到的结果。

在数据处理活动中，计算过程相对比较简单，很少涉及复杂的数学模型。但是却有数据量大、数据之间有着复杂的逻辑联系的特点。因此数据处理任务的矛盾焦点不是计算，而是把数据管理好。数据管理是指数据的收集、整理、组织、存储、查询、维护和传送等各种操作、数据处理的基本环节，是任何数据处理任务必有的共性部分。因此，对数据管理应当加以突出，集中精力开发出通用而又方便实用的软件，把数据有效地管理起来，以便最大限度地减轻计算机软件用户的负担。数据库技术正是瞄准这一目标逐渐完善起来的一门计算机软件技术。

1.2 数据库技术的发展

自 1946 年世界上第一台计算机诞生以来，随着计算机硬件和软件的发展，数据管理技术不断更新、完善，数据库的发展经历了如下的四个阶段：人工管理阶段、文件系统阶段、数据库系统阶段和现代数据库阶段。

1.2.1 人工管理阶段

1．人工管理阶段的背景

20 世纪 50 年代中期以前，计算机主要应用于科学计算。当时的硬件条件是：外存只有纸带、卡片、磁带，还没有磁盘等直接存取的存储设备；软件状况是：没有管理数据的软件，数据处理的方式采用的是批处理。

2．人工管理阶段的特点

（1）数据不保存。这一时期的数据由于是面向应用程序的，在一个程序中定义的数据，无法被其他程序利用，一组数据对应于一个应用程序，应用程序与其处理的数据结合成一个整体。有时也把数据与应用程序分开，但这只是形式上的分开，数据的传输和使用完全取决于应用程序。

（2）应用程序管理数据。数据需要由程序自己管理，没有软件系统专门管理数据，所以程序的设计者不但要考虑数据的逻辑结构，还要考虑存储结构、存取方法以及输入/输出方式。如果数据的存储结构发生了变化，程序中读取数据子程序也要相应改变。

（3）数据不能共享。由于一组数据只能对应一个程序，当多个应用程序使用相同的数据时，必须各自定义自己的数据，造成程序与程序之间大量的冗余数据，也加重了程序员的负担。

3．人工管理阶段的程序与数据的关系

人工管理阶段的程序与数据的关系如图 1-1 所示。由图可见，此阶段的数据置于程序内部，并且程序和数据是一一对应的。

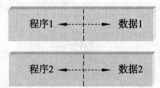

图 1-1　人工管理阶段程序与数据的关系

1.2.2 文件系统阶段

1．文件系统阶段的背景

20 世纪 50 年代后期至 60 年代中期，计算机不仅用于科学计算而且还大量用于管理。计算机的硬件中出现了磁盘、磁鼓等直接存储设备；计算机软件中产生了高级语言和操作系统，操作系统中已经有了专门管理外存的数据管理模块；数据处理方式上不仅有了批处理，而且能够联机实时处理。在数据文件中常涉及下列术语：

● 数据项：描述事物性质的最小单位。如姓名、出生日期等。

● 记录：若干数据项的集合，一个记录表达一个具体事物。如{郭靖,男,神雕大侠}。

● 文件：若干记录的集合。如英雄谱.txt。

2．文件系统阶段的特点

（1）数据可以长期保存。由于大量处理数据的需要，数据长期保存在磁盘上，通过程序文件可以对数据进行插入、删除、查询和修改操作。

（2）文件系统管理数据。通过专门的软件及文件系统进行数据管理，文件系统将数据组织成相互独立的数据文件，利用"按文件名访问，按记录进行存取"的管理技术可以对文件进行

插入、删除和修改的操作。这里提到的记录，就是数据文件中的一组相关数据。程序和数据之间由文件系统提供存取方法进行转换，实用程序与数据之间有了一定的独立性，程序员可以不必过多地考虑物理细节，将精力集中于算法。而且数据在存储上的改变不一定反映在程序上，大大节省了维护程序的工作量。

（3）数据具有较低的共享性。在文件系统下，数据文件基本上与各自的应用程序相对应，即文件仍然是面向应用，数据不能以记录和数据项为单位共享。当不同的应用程序即使具有部分相同的数据时，也必须建立各自的文件，而不能共享相同的数据，因此数据的冗余度大，浪费存储空间。数据冗余是指不必要的重复存储，同一数据项重复出现在多个文件中。由于相同数据的重复存储和各自管理，容易造成数据的不一致性，给数据的修改和维护带来了困难。

（4）数据独立性差。文件系统中的文件是为某一特定应用服务的，文件的逻辑结构对于该应用程序来说是优化的，这就意味着有一个应用程序就有一个文件与之相对应。因此要想对现有的数据再增加一些新的应用会很困难，系统不容易扩充。程序是基于文件编制的，导致程序仍然与文件相互依赖，只要文件有所变动，程序就要进行相应修改，而文件离开了使用它的程序便失去了存在的价值。

3. 文件系统阶段程序与数据的关系

文件系统中的程序与数据的关系如图 1-2 所示。该阶段数据管理的特点是：数据可以长期保存、由文件系统管理数据、程序与数据有一定的独立性、数据共享性差（冗余度大）、数据独立性差、记录内部有结构（但整体无结构）。

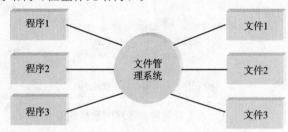

图 1-2　文件系统阶段程序与数据的关系

1.2.3　数据库系统阶段

1. 数据库系统阶段的背景

从 20 世纪 60 年代后期以来，计算机的应用范围越来越广，用于管理的规模越来越大，需要计算机管理的数据量急剧增长，对数据共享的需求也日益增强；存储技术取得了很大的发展，计算机硬件上出现了大容量的磁盘，硬件价格下降，使得海量数据存储成为可能；这就导致为编制和维护系统软件及应用程序所需的成本相对增加。因此，以文件系统作为数据管理手段已经不能满足应用的需求，为解决多用户、多应用共享数据的需求，使数据为尽可能多的应用服务，数据库技术应运而生，出现了统一管理数据的专门软件——数据库管理系统。

2. 数据库系统阶段的特点

（1）数据结构化。在文件系统中，虽然文件内部记录的数据项之间有结构，但是各记录之间没有任何联系。而数据库系统中，既考虑了数据项之间的联系，也考虑了各记录之间的联系，实现了整体数据的结构化，这是数据库系统的主要特征之一，也是数据库系统与文件系统的本质区别。

（2）数据共享性较好。数据库系统的数据整体结构化之后，数据不再面向某个具体的应用，而是面向整个系统，减少了数据冗余，实现了数据共享。

（3）数据独立性高。数据独立是数据库技术的一个常用术语。它是指数据存储方式的改变不会影响到应用程序。数据独立包括物理数据独立性和逻辑数据独立性。

- 物理数据独立性：指数据库物理结构，即数据的组织和存储、存取方法、外部存储设备等，发生改变时，不会影响到逻辑结构，而用户使用的是逻辑数据，所以不必改动程序。
- 逻辑数据独立性：数据库的逻辑结构发生改变时，用户也不需改动程序，就像数据库并没发生变化一样。

3．数据库系统阶段程序与数据的关系

数据库系统中的程序与数据的关系如图 1-3 所示。此时很好地解决了多用户、多应用共享数据的问题，使数据为尽可能多的应用服务。计算机的共享一般是并发的，即多个用户可以同时存取数据库中的数据，甚至可以同时存取数据库中同一个数据。

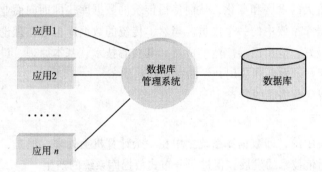

图 1-3 数据库系统阶段程序与数据的关系

4．具有数据控制功能

数据库的共享程度高，多个用户和应用程序可以同时存取数据库中的数据甚至可以同时存取数据库中的同一数据。为保证这种并发方式数据共享的正确，数据库系统应提供下面的数据控制功能：

- 数据完整性控制：是指存储数据的正确性和有效性，用以将数据控制在有效的范围内。如顾客到商场购买某种商品的数量不能超出商场现有库存。
- 数据安全性控制：是保护数据不被非法使用，从而造成数据的泄密和破坏。使每个用户只能按规定的权限，对某些数据以某些方式进行使用和处理。
- 并发控制：当多个用户同时可存取、修改数据库时，可能会发生相互干扰，从而导致数据库的完整性遭到破坏。所以，必须对多用户的并发操作加以控制和协调。
- 数据库恢复：当计算机系统发生了硬件或软件故障，操作员误操作时，可能影响到数据库中数据的正确性，甚至造成数据库部分或全部数据的丢失。使用数据库系统的恢复功能，可以将数据库从错误状态恢复到某一已知的正确状态的转换。

综上所述，数据库是以一定组织方式长期存储在计算机内、独立于应用并可被多用户、多应用程序共享的数据集合。

数据库系统的出现使数据管理进入了一个新的时代，数据库已经成为现代信息系统不可分离的重要组成部分，几乎所有的信息管理系统都以数据库为核心。数据库技术也成为计算机领

域中发展最快的技术之一。目前数据库系统已深入到人类生活的各个领域，从企事业管理、银行业务管理到情报检索、各种资源普查、统计都离不开数据库。

1.2.4 现代数据库阶段

随着计算机技术和相应技术的发展以及计算机应用需求的扩大，20世纪80年代以来，数据库技术得到了极大的发展，其特征表现在：

（1）各种学科技术的内容与数据库技术的有机结合，使数据库领域中新内容、新应用、新技术层出不穷，形成了当今的数据库家族；面向对象数据库、分布式数据库、工程数据库、演绎数据库、知识库、模糊数据库、时态数据库、统计数据库、空间数据库、科学数据库、文献数据库、并行数据库、多媒体数据库等都是当前数据库家族的成员。它们都继承了传统数据库的理论和技术，但却又不是传统的数据库了。

（2）与传统数据库的概念和技术相比，当今数据库的整体概念、技术内容、应用领域，甚至基本原理都有了重大的发展和变化，从而使得传统的数据库，即面向商业与事务处理的数据库仅仅成为当今数据库家族中的一个成员。当然，传统的数据库也是在理论和技术上发展得最为成熟、应用效果最好、应用面最广泛的成员。其核心技术、基本原理、设计方法和应用经验等仍然是整个数据库技术发展和应用开发的指导和基础。

下面介绍几种现代数据库的特点。

1. 分布式数据库

传统数据库是集中的，即数据库系统集中在一个计算机上处理。但是，随着微型计算机的普及和网络技术、通信技术的发展，促进了分布式数据库系统的产生。

分布式数据库是将数据库物理地分散在网络的不同结点上，而逻辑上是同属一个系统的数据集合，具有分布性和数据协调性的特点。分布性是指数据不是存储在单个计算机的存储设备上，而是按照全局需要将数据划分成一定结构的数据子集，分散的存储在各个结点上；数据协调性指各结点上的数据子集，相互之间由严密的约束规则加以限定，在逻辑上是一个整体。因此数据的分布性对用户来讲是完全透明的，物理上分布的数据库在逻辑上构成一个整体，编程和使用应用程序时完全不用考虑数据的分布情况。如上所述，分布式数据库是由许多数据库逻辑组成的、针对全体用户的全局数据库。因此，又称全局数据库。

分布式数据库管理系统是用于管理分布式数据库并提供分布透明性的软件系统，用于管理分布环境下数据的存取、一致性、有效性和完整性等。为了得到统一的数据，分布式数据库系统一般采用统一的数据模型对各局部数据库进行转换，因而使用户的使用变得简单。

分布式数据库通常根据构成局部数据库的数据模型的异同，分为同构分布数据库和异构分布数据库。

分布式数据库的研究起步较早。在20世纪70年代中期，美国计算机公司研制第一个分布式数据库原型系统SDDI-1，它的成功开发为以后分布式数据库系统的研究和开发打下了良好的基础。其他的同构分布式数据库系统还有IBM公司研制的R*系统、加州伯克利分校开发的分布式INGRES、德国斯图加特大学研制的POREL、法国INRIA研制的SIRIVS-DELTA等。在异构分布式数据库方面，有美国计算机公司研制的MULTIBASE和Honeywell公司计算机科学研制中心研制的DDTS等。

我国自 20 世纪 80 年代起开始对分布式数据库系统进行研究，至今已经取得了丰硕的成果，达到了世界先进水平。比较有代表性的系统有：武汉大学研制的 WDDBS 系列包括 16 位微机产品（WDDBS-16）和 32 位工作站产品（WDDBS-32）；东南大学研制的 SUNDDB 系统；中国科学院数学所、上海科技大学和华东师范大学联合研制的 C-POREL；中国人民大学数据与知识工程研究所研制的 DOS/SELS；以东北大学为主研制的 DMU/FO 系统；南京大学研制的异构分布式数据库系统 LSZ 等。经过 20 几年的发展，分布式数据库系统的理论和技术问题基本解决，但是系统的复杂性还很难达到，造成分布式数据库系统难以实用化。但是，分布式数据库在银行系统、电力管理系统和跨地区、跨国集团公司的管理中具有巨大的潜在优势，因此对分布式数据库系统的持续研究是势在必行的。

2. 面向对象数据库

随着软件工程学的发展，面向对象技术逐渐成熟。近几十年来，数据库的应用也越来越复杂，数据类型由简单的数据逐步转向复杂的嵌套数据、复合数据（如数组、结构等）和多媒体数据（如声音、图形、图像），使得传统的关系数据库难以支持。因此，面向对象技术和数据库技术的结合产生了面向对象数据库。

面向对象数据库技术支持面向对象的基本概念，在建模时，可以将数据作为对象存储；在功能方面除具有传统 DBMS 的功能外，还支持永久对象、长事务处理和嵌套处理，具有模式演化的能力，能维护数据完整性，适合在分布环境下工作。此外，面向对象数据库系统还支持消息传递，提供功能完备的数据库设计语言，提供类似 SQL 的非过程化查询语言。面向对象数据库的这些优势，使得复杂数据库的设计变得容易。

目前，对面向对象数据库技术的研究已经取得了一些成果，如数据模型中允许定义复杂的数据类型，提供对象操作，实现实体的对象化，并根据逻辑关系实现物理上聚集存储，减少访问时间；通过创建子类实现复杂的完整性约束；对不确定性和模糊对象的查询能力等。面向对象数据库技术的研究也提出了许多新的事务处理模型，如开放嵌套事务模型、工程设计数据库模型、多重提交点模型等。

但是，面向对象数据库技术仍然是一项比较新的技术，建立全新的面向对象数据库模型尚缺乏统一的形式化理论支持，实现难度很大，但面向对象数据库技术仍然是数据库发展的必然趋势。

3. Web 数据库

随着 Internet 技术的产生和广泛应用，Web 技术以其易用性、实用性迅速占据了主导地位，成为目前使用最广泛、最有前途、最有魅力的信息传播技术，提供了 Internet 上信息交互的平台。

为了适应 Internet 上信息资源的复杂性和不规范性，关系数据库做了一些适应性调整，如增加面向对象成分以增加处理多种复杂数据类型的能力，增加各种中间件技术，如 CGI、ISAPI、ODBC、ASP 等，以扩展 Internet 应用的能力，通过应用服务器解释执行 HTML 中嵌入的各种脚本来解决 Internet 应用中数据库数据的显示、维护、输出以及到 HTML 格式的转换等。因此 Web 数据库模型表现为"数据库服务器—中间件—Web 服务器"的三层或四层的多层结构，实现了数据库在 Internet 上的发布、检索、维护和数据管理等应用。

最近几年，Web 数据库已经逐步成为数据库领域研究的热点技术之一，以数据库技术、网络技术为核心的电子商务逐步成为各公司发展的重心。

4．多媒体数据库

传统的数据库管理系统主要处理结构化数据、文字和数值等信息，但是像图形、图像、声音等非结构化的多媒体数据的应用需求越来越多，于是便产生了多媒体数据库。

与传统的数据相比，多媒体数据具有以下特性：

（1）集成性。多媒体是指数字、图形、图像、声音、文本等多种媒体的有机结合，而不是简单组合。

（2）独立性。多媒体中的单媒体具有独立性，因此可以单独对某一媒体进行操作而不影响其他媒体。

（3）数据量大。不论是声音信息还是视频信息，其数据量都非常大。而多媒体是由各种媒体组合而成的，其数据量更大。

（4）实时性。多媒体技术是多种媒体集成的技术，在很多场合都要求实时处理。

（5）交互性。各种多媒体信息采用交互式操作方式。无论是系统管理员还是学习者，都要对数据库进行访问或操作，因此多媒体数据库具备很强的交互性。

多媒体数据处理的困难很多，即使是一般的复杂对象目前也不能很好的处理。多媒体数据的建模、数据的压缩/还原、存储和多媒体数据库的查询及查询处理等都是需要研究解决的问题。

建立数据模型是实现多媒体数据的关键。目前主要有 4 种途径：

（1）基于关系的模型，即在关系数据库的基础上加以扩充，使之支持多媒体数据类型，如 Informix-online、Oracle、Ingres 等。

（2）基于面向对象的模型，在面向对象语言中加入对多媒体数据的存储管理功能形成多媒体数据库。

（3）基于超文本模型或超媒体方法，例如 kns、intermedia 等。

（4）开发全新的数据模型，从底层实现多媒体数据库系统，其方法是建立一个包含面向对象数据库核心概念的数据模型，并设计相应的语言和相应的面向对象数据库管理系统的核心。

多媒体数据存储量非常之大，一般是分页面进行管理，目前比较好的存取方法是 b+树和 Hash 方法。

5．并行数据库

并行数据库是并行技术和数据库技术的结合，充分利用多处理器平台的并行能力，通过多种并行性（查询间并行、查询内并行和操作内并行），在联机事务处理与决策支持应用环境中，提供快速的响应时间和较高的事务吞吐量。

并行数据库技术包括对数据库的分区管理和并行查询。它通过将一个数据库任务分割成多个子任务的方法由多个处理机协同完成这个任务，从而极大地提高了事务处理能力，并且通过数据分区可以实现数据的并行 I/O 操作。DBMS 进程结构的最新发展为数据库的并行处理奠定了基础。多线程技术和虚拟服务器技术是并行数据库技术实现中采用的重要技术。一个理想的并行数据库系统应能充分利用硬件平台的并行性，采用多进程多线程的数据库结构，提供不同力度的并行性、不同用户事务间的并行性、同一事务内不同查询间的并行性、同一查询内不同操作间的并行性和同一操作内的并行性。

并行数据库系统的目标是提供一个高性能、高可用性、高扩展性并且性能价格比较高的数据库管理系统。虽然并行数据库系统的许多关键技术（如并行数据库的物理组织、并行数据操作算法的设计与实现、并行数据库的查询优化、数据库划分、系统视图等）仍需深入研究，但业界普遍认为，并行数据库系统不久将成为高性能数据库系统的佼佼者。

6. 数据仓库和数据挖掘

随着市场竞争的加剧和信息社会需求的发展，单纯的数据库信息管理已经不能够满足社会需要，从大量数据中提取为企业管理者制定市场策略的决策信息，即从大量的事务型数据库中抽取数据，并将其清理、转换为新的存储格式，为决策目标把数据聚合在一种特殊的格式中，显得越来越重要。随着此过程的发展和完善，这种支持决策的、特殊的数据存储即被称为数据仓库（data warehouse，DW）。

目前，数据仓库一词还没有一个统一的定义，著名的数据仓库专家 W.H.Inmon 在其著作 *Building the Data Warehouse* 一书中如下描述：数据仓库（data warehouse）是一个面向主题的（subject oriented）、集成的（integrate）、相对稳定的（non-volatile）、反映历史变化（time variant）的数据集合，用于支持管理决策。

对于数据仓库的概念我们可以从两个层次理解。首先，数据仓库用于支持决策，面向分析型数据处理，它不同于企业现有的操作型数据库；其次，数据仓库是对多个异构数据源的有效集成，集成后按照主题进行了重组，并包含历史数据，而且存放在数据仓库中的数据一般不再修改。与其他数据库应用不同的是，数据仓库更像一种过程——对分布在企业内部各处的业务数据整合、加工和分析的过程，而不是一种可以购买的产品。

数据仓库拥有以下 4 个特点：

（1）面向主题的数据。传统数据库的数据组织面向事务处理任务，各业务系统之间各自分离，而数据仓库中的数据是按照一定的主题域进行组织。主题是一个抽象的概念，是指用户使用数据仓库进行决策时所关心的重点方面。

（2）数据的集成性。传统数据库通常与某些特定的应用相关，数据库之间相互独立，并且往往是异构的。而数据仓库中的数据是在对原有分散的数据库数据抽取、清理的基础上经过系统加工、汇总和整理得到的，必须消除源数据中的不一致性，以保证数据仓库内的信息是关于整个企业的一致的全局信息。

（3）数据的相对稳定性。传统数据库中的数据通常实时更新，数据根据需要及时发生变化。数据仓库的数据主要供企业决策分析之用，所涉及的数据操作主要是数据查询。一旦某个数据进入数据仓库以后，一般情况下将被长期保留，也就是数据仓库中一般有大量的查询操作，但修改和删除操作很少，通常只需要定期加载、刷新。

（4）数据能反映历史变化。传统数据库主要关心当前某一个时间段内的数据，而数据仓库中的数据通常包含历史信息，系统记录了企业从过去某一时点（如开始应用数据仓库的时点）到目前的各个阶段的信息，通过这些信息，可以对企业的发展历程和未来趋势做出定量分析和预测。

目前，IBM、Informix、Microsoft、NCR、Oracle、Sybase 等数据库厂商都推出了自己的数据仓库产品。

数据仓库在信用分析、风险分析、欺诈检测等方面具有潜在的应用需求。另外随着数字化定制经济模式（即用户可以根据自己的需要定制任何的产品）逐步占据市场，大规模的定制很可能成为新世纪企业生产的组织原则，在这种形势下，数据仓库将成为企业获得竞争优势的关键武器。因此数据仓库有着良好的发展前景。

1.3 数据库系统的组成与结构

1.3.1 数据库系统的组成

数据库系统是指引进数据库技术后的计算机系统。例如，一个以数据库为基础的高校学费管理系统。数据库系统一般由支持数据库运行的软硬件、数据库、数据库管理员和用户等部分组成。

1. 硬件与软件

（1）硬件。硬件是数据库赖以存在的物理设备，包括 CPU、存储器和其他外部设备等。显然，计算机性能越高，数据处理能力越强。数据库系统要求使用较大的内存，存储系统程序、应用程序和开辟用户工作区及系统缓冲区；对外存储设备则要求配置高速的大容量直接存取和存储设备（磁盘、光盘等）。

（2）软件。这里的软件主要指"数据库管理系统"。数据库管理系统（database management system，DBMS）是为数据库的建立、使用和维护而配置的软件，它是数据库系统的核心部分。此外，计算机系统中任何软件都必须在操作系统的支持下才能工作，因此当选用某种 DBMS 时，必须选择能对 DBMS 提供支持的操作系统。如果想要处理汉字，还需要中文操作系统支持；如果不仅用数据库管理系统自含的语言开发应用系统，软件中还应包含程序设计语言和一些工具软件等。

（3）应用程序。DBMS 是多用户共享的，不同用户的数据视图已由设计者组织在数据库中，用户可以在远程终端查询数据，也可以编写应用程序处理自己的业务。

2. 数据库

数据库是长期存储在计算机内有组织的、大量的共享数据的集合，它可以使各种用户互不影响，具有最小冗余度和较高的数据独立性。

3. 数据库管理员

大型数据库通常由专业人员设计，还要有专职的数据库管理员（database administrator，DBA）进行管理。DBA 负责数据库的日常维护，定义并存储数据库的内容，监督和控制数据库的使用，使数据库始终处于最佳状态。

4. 用户

数据库系统的用户分为以下两类：

- 最终用户：主要对数据库进行联机查询和通过数据库应用系统提供的界面来使用数据库。这些界面包括菜单、窗体、表格、图形和报表。
- 专业用户：这类用户主要是应用系统开发人员。他们负责设计应用系统的程序模块，对数据库进行操作。

1.3.2 数据库系统的结构

数据库系统有着严谨的体系结构。虽然各厂家、各用户使用的数据库管理系统产品类型和规模可能相差很大，但它们在体系结构上通常都具有相同的特征。

美国国家标准委员会（ANSI）所属的标准计划和要求委员会（standards planning and requirements committee，SPARC）在 1975 年公布了关于数据库标准报告，提出了数据库的三级组织结构，称为 SPARC 分级结构。三级结构对数据库的组织从内到外分三个层次描述，分别称为内模式、模式和外模式，如图 1-4 所示。

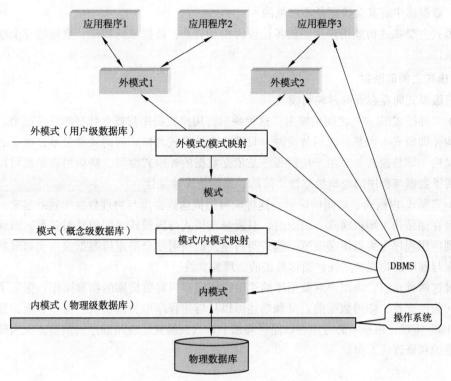

图 1-4 数据库系统的三级模式结构

1. 内模式

内模式也称为存储模式，它是数据库在物理存储器上具体实现的描述，是数据在数据库内部的表示方法，也是数据物理结构和存储方式的描述。一个数据库只有一个内模式。它是整个数据库的最底层表示，它假设外存是一个无限的线性地址空间。

内模式定义的是存储记录的类型、存储域的表示、存储记录的物理顺序、索引和存储路径等数据的存储组织。

2. 模式

模式也称为逻辑模式或概念模式，是对数据库中全体数据的逻辑结构和特征的描述，是数据库系统模式结构的中间层，它与具体的应用程序、应用开发工具（如 PowerBuilder、Delphi）等无关，也不涉及数据的物理存储细节和硬件环境。一个数据库只有一个模式。

模式是数据项值的框架。数据库系统模式通常还包含有访问控制、保密定义、完整性检查等方面的内容。

3. 外模式

外模式也称为子模式或用户模式，它是数据和用户（包括专业用户和最终用户）能够看见和使用的局部数据的逻辑结构和特征的描述，是数据和用户的数据视图，是与某一应用有关的数据的逻辑表示。

外模式一般是模式的子集。一个模式可以有多个外模式。这样，不同的用户通过不同的外模式实现各自的数据视图，也达到共享数据的目的。另一方面，同一个外模式也可以为某一用户的多个应用系统所使用，但一个应用程序只能使用一个外模式。

外模式是保证数据库安全性的一个有力措施。每个用户只能看见和访问所对应的外模式中的数据，数据库中的其余数据是不可见的。

外模式主要描述构成用户视图的各记录的相互关系、数据项的特征、数据的安全性和完整性约束条件。

4．模式之间的映射

在三级模式间存在着两种映射模式：

（1）"外模式/模式"之间的映射。这种映射将用户数据库与概念数据库联系起来；当数据逻辑结构（即模式）因某种原因改变时，只需修改外模式与模式间的映射关系，而不必修改局部逻辑结构（即外模式）。由于应用程序是依据数据的外模式编写，则应用程序也可以不必修改，实现了数据与程序的逻辑独立性，简称数据的逻辑独立性。

（2）"模式/内模式"之间的映射。这种映射把概念数据库与物理数据库联系起来。当数据库的物理存储结构（即内模式）改变时，只需修改模式与内模式之间的映射关系，而保持模式不变，则应用程序也可以不必改变。模式与内模式的映射使全局逻辑数据独立于物理数据，保证了数据与程序的物理独立性，简称数据的物理独立性。

通过这两种映射，将用户对数据库的逻辑操作转换为对数据库的物理操作，保证了数据与程序之间的独立性，使得数据的定义和描述可以从应用程序中分离出去。另一方面，数据的存取由 DBMS 实现，用户不必考虑存取路径等细节，从而简化了应用程序的编写，大大降低了应用程序维护和修改的工作量。

1.4　概　念　模　型

概念模型用于信息世界的建模，与具体的 DBMS 无关。为了把现实世界中的具体事物抽象、组织为某一 DBMS 支持的数据模型。人们常常首先将现实世界抽象为信息世界，然后再将信息世界转换为机器世界。也就是说，首先把现实世界中的客观对象抽象为某一种信息结构，这种信息结构并不依赖于具体的计算机系统和具体的 DBMS，而是概念级的模型；然后再把模型转换为计算机上某一个 DBMS 支持的数据模型。实际上，概念模型是现实世界到机器世界的一个中间层次。

因此，概念模型也称为"信息模型"。信息模型就是人们为正确直观地反映客观事物及其联系，对所研究的信息世界建立的一个抽象的模型。建立概念模型涉及下面几个名词术语。

1．概念模型的名词术语

（1）实体（entity）。我们将现实世界中客观存在并可相互区别的事物称为实体。实体既可以是实际的事物，例如一个学生、一个部门；也可以是抽象的事件，例如借阅几本图书、听一堂课等。

（2）属性（attribute）。属性就是实体所具有的特性。一个实体可以由若干个属性描述，例如学生实体可由学号、姓名、性别、出生日期、民族等属性组成。属性的具体取值称之为属性值，用来描述一个具体实体。属性值（0152105，白亚春，男，1982/06/05，汉族）具体代表学生实体的一个具体学生。

（3）域（domain）。属性的取值范围称为该属性的域。例如，学号的域为 8 位整数，性别的域为（男，女）。

（4）实体集（entity set）。具有相同属性的实体的集合称为实体集。例如，全体学生是一个实体集，全体教师也是一个实体集。

（5）键（key）。键是能够唯一标识出一个实体集中每一个实体的属性或属性组合，键也称为关键字。例如，"学号"可以作为键，因为每个学生的学号是唯一的；而"姓名"不可以作为键，因为可能有相同名字的学生。

（6）联系（relationship）。实体集之间的对应关系称为联系，它反映了现实世界事物之间的相互关联，联系分为两种：一种是实体内部各属性之间的联系，例如学生中相同民族的有很多人，但一个学生只能是一个民族；另一种是实体之间的联系，例如一个学生可以参加多个学生社团，一个学生社团也可以吸收多个学生。

2．实体之间的联系

实体之间的联系类型比较复杂，一般分为一对一、一对多和多对多三类。

（1）一对一联系（1:1）。如果对于实体集 A 中的每个实体，实体集 B 中至多有一个（可以没有）与之相对应，反之亦然，则称实体集 A 与实体集 B 具有一对一联系，记作：1:1。例如，每个班级只有一个班长，班长和班级之间是一对一联系。

（2）一对多联系（1:n）。如果对于实体集 A 中的每个实体，实体集 B 中有 n 个实体（$n \geq 0$）与之相对应；反过来，实体集 B 中的每个实体，实体集 A 中至多只有一个实体与之联系，则称实体集 A 与实体集 B 具有一对多联系，记作：1:n。例如，每个学生只能属于一个班级，每个班级可以有多名学生，班级和该班级中的学生之间是一对多联系。

（3）多对多联系（m:n）。如果对于实体集 A 中的每个实体，实体集 B 中有 n 个实体（$n \geq 0$）与之相对应，反过来，实体集 B 中的每个实体，实体集 A 中也有 m 个实体（$m \geq 0$）与之联系，则称实体集 A 与实体集 B 具有多对多联系，记作：m:n。例如，每个教师可以上多门课程，每门课程又可以被多名教师授课，课程与教师之间是多对多联系。

3．E-R 模型

在进行数据库设计前首先要建立概念模型即信息模型，对用户所关心的问题进行模拟。信息模型有很多种，其中最为流行的一种是由美籍华人陈平山于 1976 年提出的实体联系模型（entity-relationship model，E-R 模型），它通过简单的图形方式描述现实世界中的数据，这种图称为实体联系图，简称 E-R 图。

E-R 图有三个要素：

- 实体：用矩形表示实体，矩形内标注实体名称。
- 属性：用椭圆表示属性，椭圆内标注属性名称。并用连线与实体连接起来。
- 实体之间的联系：用菱形表示，菱形内注明联系名称，并用连线将菱形框分别与相关实体相连，并在连线上注明联系类型。

图 1-5 为上面两个实体之间的三类联系。

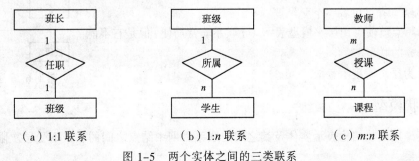

（a）1:1 联系　　　　（b）1:n 联系　　　　（c）m:n 联系

图 1-5　两个实体之间的三类联系

1.5 数 据 模 型

1.5.1 数据模型的概念

数据模型是对现实世界特征的模拟和抽象。在数据库中采用数据模型来抽象、表示和处理现实世界中的数据和信息。

1.数据模型的分类

数据模型是数据库技术的核心，所有的数据管理系统都是基于某种数据模型的，这些数据模型基本上可以分为两类，一类是概念模型，也称为信息模型，它是按照用户的观点进行数据信息建模，主要用于数据库的设计。这种模型直观、清晰，容易被理解。另一种模型是数据模型，这种模型是按计算机系统的观点对数据建模，主要用于 DBMS 的设计，如关系模型、层次模型和网状模型。用户可以使用这种数据模型定义和操纵数据模型中的数据。

2.数据模型的组成

数据模型通常由三部分组成：数据结构、数据操纵和数据的完整性约束。

（1）数据结构。数据结构是所研究对象类型的集合，这些对象组成数据库。例如：建立一个高校学生管理系统数据库，学生（对象）的基本情况（类型）如学号、姓名、性别、出生日期、学费标准等构成了数据库的基本框架，而在进行课程安排时，每个学生可以选修多门课程，每门课程又可以被多个学生选修，这样的两个对象之间存在着数据关联，这种数据关联也必须存储在数据库中。数据模型就是按照数据结构类型分类的。按照数据结构类型的不同，将数据模型划分为层次模型、网状模型和关系模型。

（2）数据操纵。数据操纵是指对数据库中各种对象实例的操作。例如：根据用户的要求，对数据库中的数据进行增加、删除、查询、修改等各种操作。

（3）数据的完整性约束。数据的完整性约束是指在给定的数据模型中，数据及其数据关联所遵守的一组规则，用以保证数据库中数据的正确性和一致性。例如：学生基本情况数据库中，学号作为学生在该校数据库中的唯一标志，每个学生的学号都不能为空值，并且不能有重复值。

1.5.2 层次模型

层次模型按树形结构组织数据，它是以记录类型为结点，以结点间联系为边的有序树，数据结构为有序树或森林。

层次模型有以下两个特点：

* 有且仅有一个结点无父结点，该结点称为根。
* 其他结点有且仅有一个父结点。

上面的特点就使得用层次模型表示 1:n 联系非常简便，但是它不能直接表示 m:n 的联系。

图 1-6 为层次模型示意图。

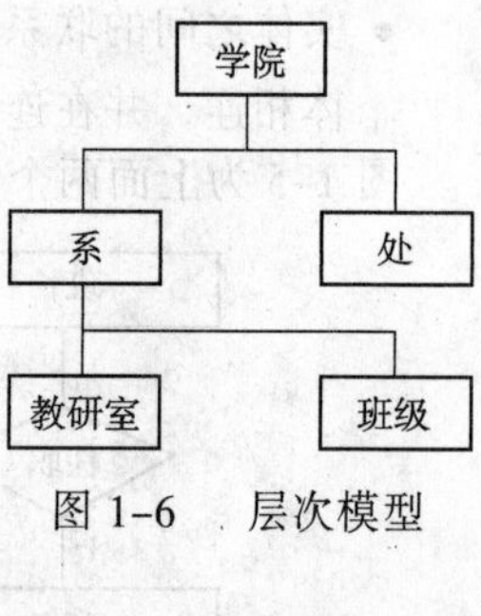

图 1-6   层次模型

1.5.3 网状模型

网状模型用网状结构表示实体及其之间的联系，网中结点之间的联系不受层次限制，可以任意发生联系。

网状模型有如下几个特点：

- 一个子结点可以有两个或多个父结点。
- 在两个结点之间可以有两种或多种联系。
- 可能有回路存在。

图 1-7 为网状模型示意图。

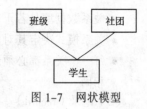

图 1-7　网状模型

1.5.4　关系模型

关系数据模型是由 IBM 公司的 E.F.Codd 于 1970 年首次提出的，以后的几年里陆续出现了以关系数据模型为基础的数据库管理系统，称为关系数据库管理系统（relation database management system，RDBMS），目前广泛使用的关系数据库管理系统有 Oracle、Sybase、Informix、DB2、SQL Server、Access、Fox 系列数据库等。

关系模型是在层次模型和网状模型的基础之上发展起来的，如果说层次模型和网状模型是用"图"表示实体及其联系的话，则关系模型是用"表"来表示，关系就是二维表格。

1. 关系数据模型的定义

实体和联系均用二维表来表示的数据模型称之为关系数据模型，如图 1-8 所示。

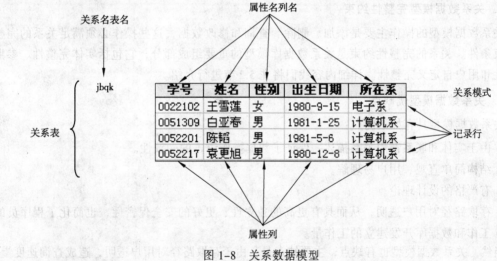

图 1-8　关系数据模型

2. 关系数据模型的基本概念

（1）关系模式（relation scheme）。二维表的表头一行称为关系模式，又称表的框架或记录类型。

- 关系模式是记录类型，决定二维表内的内容。
- 数据库的关系数据模型就是若干关系模式的集合。
- 每一个关系模式都必须命名，且同一关系数据模型中关系模式名不允许相同。
- 每一个关系模式都是由一些属性组成，关系模式的属性名通常取自相关实体类型的属性名。
- 关系模式可表示为：关系模式名（属性名 1，属性名 2，...，属性名 n）的形式。例如：学生（学号，姓名，性别，出生日期，籍贯）。

（2）关系（relation）。对应于关系模式的一个具体的表称为关系，又称表（table）。

- 关系数据库是若干表（关系）的集合。
- 关系模式决定其对应关系的内容。
- 每一个关系都必须命名（通常取对应的关系模式名），且同一关系数据模型中关系名互不相同。

（3）记录（record）。关系中的每一行称为关系的一个记录，又称行（row）或元组。一个关系可由多个记录构成，一个关系中的记录应互不相同。

（4）属性（attributes）。关系中的每一列称为关系的一个属性，又称列（column）。给每一个属性起一个名称即属性名，如图 1-8 中的属性名（学号，姓名，性别，出生日期，籍贯）。

（5）变域（domain）。关系中的每一属性所对应的取值范围叫属性的变域，简称域。

（6）主键（primary Key）。如果关系模式中的某个或某几个属性组成的属性组能唯一地标识对应于该关系模式的关系中的任何一个记录，我们就称这样的属性组为该关系模式及其对应关系的主键。

（7）外键（foreign key）。如果关系 R 的某一属性组不是该关系本身的主键，而是另一关系的主键，则称该属性组是 R 的外键。

3. 关系数据模型完整性约束

关系数据模型的操作主要是添加、删除、查询和修改数据，这些操作必须满足关系的完整性约束条件。关系的完整性约束是关系数据库模型的重要组成部分，它包括实体完整性、参照完整性和用户自定义完整性。详细内容我们将在 5.2 节进行介绍。

4. 关系数据模型优缺点

关系数据模型具有如下优点：

- 由于实体和联系都用关系描述，保证了数据操作语言的一致性。
- 结构简单直观、用户易理解。
- 有严格的设计理论。
- 存取路径对用户透明，从而具有更高的独立性、更好的安全保密性，也简化了程序员的工作和数据库开发建立的工作量。

当然，关系数据模型也有缺点，主要缺点是：由于存取路径对用户透明，造成查询速度慢，效率低于非关系型数据模型。

本 章 小 结

数据库技术代表着当代先进的数据管理技术，具有非常广泛的应用。随着计算机软硬件技术、网络技术和多媒体技术的发展，数据库技术也在不断前进，应用的领域不断扩大。

本章首先从数据库系统的基本概念出发，介绍了数据库的发展历程。分析了数据库系统的组成与结构，又进一步提出了数据模型的概念，并介绍了几种常见的数据模型。

本章涉及的名词术语较多，它们是进一步学习数据库课程的基础，初学者应在理解的基础上掌握。

课 后 练 习

1. 简述信息与数据的概念并比较两者的区别和联系。
2. 简述计算机数据管理技术的发展。
3. 简述文件系统中的文件与数据库系统中的文件有何本质上的不同。
4. 简述文件系统与数据库系统的区别和联系。
5. 简述分布数据库的含义和特点。
6. 简述多媒体数据库的特性和建模方法。
7. 简述数据仓库的定义和特点。
8. 简述数据库系统的组成。
9. 简述数据库系统的三级模式结构和它们之间的两种映射。
10. 分别叙述数据与程序的物理独立性和逻辑独立性。为什么数据库管理系统具有数据与程序的独立性？
11. 简述数据模型的概念和分类。
12. 简述数据模型的组成。
13. 实体之间的联系有哪几种？举例说明。
14. 什么是 E-R 图？E-R 图的构成要素是什么？画出第 13 题所举实例的 E-R 图。
15. 关系模型有哪些特点？
16. 解释下列名词：关系模式、关系模型、关系、元组、变域。

第2章 关系数据库理论基础

本章要点

本章主要介绍关系数据库理论的基础知识，包括关系的基本概念、关系的性质和关系代数的概念，最后讲解了概念模型。通过本章的学习，读者应该掌握以下内容：

- 关系的数学定义和性质
- 关系模式的完整性约束条件
- 关系代数
- 关系的规范化原则，范式的基本概念和分解方法

2.1 关系的基本概念

2.1.1 关系的数学定义

关系模型中，实体和实体之间的联系都是由单一的结构类型——关系（表）来表示的。在第1章中我们也对关系模型的基本概念作了介绍，关系模型是建立在集合代数的基础之上，这里我们用数学的方法给关系下一个定义。

1. 域（domain）

域：是一组具有相同数据类型的值的集合。例如：{自然数}，{男，女}，{0，1}等都可以是域。

基数：域中数据的个数称为域的基数。

域被命名后用如下方法表示：

D_1 = {张爽，李田浩，王鹏飞}，表示读者姓名的集合，基数是3。

D_2 = {教师，学生}，表示读者类别的集合，基数是2。

2. 笛卡儿积（cartesian product）

给定一组域 D_1，D_2，…，D_i，…，D_n（可以有相同的域），则笛卡儿积定义为：

$$D_1 \times D_2 \times \cdots D_i \times \cdots \times D_n = \{ (d_1, d_2, \cdots, d_i, \cdots, d_n) \mid d_i \in D_i, i = 1, 2, \cdots, n \}$$

其中：每个（d_1，d_2，…，d_i，…，d_n）叫做元组，元组中的每一个值 d_i 叫做分量，d_i 必须是 D_i 中的一个值。

显然，笛卡儿积的基数就是构成该积所有域的基数累乘积，若 D_i（i=1，2，…，n）为有限集合，其基数为 m_i（i=1，2，…，n），则 $D_1 \times D_2 \times \cdots D_i \times \cdots \times D_n$ 笛卡儿积的基数 M_i 为：

$$M = \prod_{i-1}^{n} m_i$$

上面例子中的笛卡儿积为：

$D_1 \times D_2$ ={（张爽，教师），（张爽，学生），（张鹏飞，教师，（张鹏飞，学生），（李田浩，教师），（李田浩，学生））}

其中：（张爽，教师）、（张鹏飞，学生）等都是元组，张爽、张鹏飞、教师等是分量。该笛卡儿积的基数是 $M=m_1 \times m_2$=3×2=6，即该笛卡儿积共有 6 个元组，它可组成一张二维表，如表 2-1。

表 2-1 读者姓名和读者类别的元组

读 者 姓 名	读 者 类 别	读 者 姓 名	读 者 类 别
张爽	教师	张鹏飞	学生
张爽	学生	李田浩	教师
张鹏飞	教师	李田浩	学生

3. 关系（relation）

关系：笛卡儿积 $D_1 \times D_2 \times \cdots D_i \times \cdots \times D_n$ 的子集 R 称作在域 D_1，D_2，…，D_n 上的关系，记作：R（D_1，D_2，…，D_i，…，D_n）

其中：R 为关系名，n 为关系的度或目（degree），D_i 是域组中的第 i 个域名。

当 n=1 时，关系中仅有一个域，称该关系为单元关系。

当 n=2 时，关系中有两个域，称该关系为二元关系。

依此类推，关系中有 n 个域，称该关系为 n 元关系。

由于关系是笛卡儿积的子集，所以关系也是一张二维表。表的每一行对应一个元组，每一列对应一个域。因为笛卡儿积可以有相同的域，所以当关系中的不同列取自相同的域时，域的名字无法表示关系中的列。为了加以区分，把列称为属性。一般来说，一个取自笛卡儿积的子集才有意义。如上面例子 $D_1 \times D_2$ 笛卡儿积中，对于每个读者只属于一个读者类别，一旦确定了一个读者所属的类别，即确定了一种关系，则笛卡儿积中的其他元组显然是没有意义的，如当确定了表 2-2 关系 R 时，其他 3 个元组是没有意义的。

关系可以分为 3 种类型：

- 基本关系（又称基本表）: 是实际存在的表，它是实际存储数据的逻辑表示。

表 2-2 关系 R

读 者 姓 名	读 者 类 别
张爽	教师
张鹏飞	学生
李田浩	教师

- 查询表：是对基本表进行查询后得到的结果表。

- 视图表：是由基本表或其他视图导出的表，是一个虚表，不对应实际存储的数据。

2.1.2　关系的性质

关系具有如下性质，因为关系就是一个二维表，所以关系的性质可以通过二维表理解。具体使用表 2-3 读者情况关系表来说明关系的各个性质。

表 2-3　读者情况关系

读者编号	读者姓名	读者类别	限借数量	已借数量
0022102	张鹏飞	学生	5	4
0051309	李田浩	教师	10	6
0052201	张爽	教师	10	8
0052217	郭龙	教师	10	9

（1）关系中一列的各个分量具有相同的性质，即数据类型相同，如表 2-4 所示。

表 2-4　读者情况关系中错误的列分量

读者编号	读者姓名	读者类别	限借数量	已借数量
0022102	张鹏飞	学生	5	4
6	李田浩	教师	10	0051309
0052201	张爽	8	10	教师
0052217	郭龙	教师	男	1971-12-8

（2）关系中行的顺序、列的顺序可以任意互换，不会改变关系的意义，如表 2-5 所示。

表 2-5　互换行、列后的读者情况关系

读者编号	读者姓名	已借数量	限借数量	读者类别
0022102	张鹏飞	4	5	学生
0052201	张爽	8	10	教师
0051309	李田浩	6	10	教师
0052217	郭龙	9	10	教师

（3）关系中的任意两个元组不能相同，如表 2-6 所示。

表 2-6　两个元组相同的读者情况关系

读者编号	读者姓名	读者类别	限借数量	已借数量
0022102	张鹏飞	学生	5	4
0051309	李田浩	教师	10	6
0051309	李田浩	教师	10	6
0052217	郭龙	教师	10	9

（4）关系中的元组分量具有原子性，即每一个分量都必须是不可分的数据项。

2.2 关系的完整性

由于关系数据库中数据的不断更新，为了维护数据库中的数据与现实世界的一致性，必须对关系数据库加以约束，关系模型的完整性规则是对关系的某种约束条件。关系模型中有 3 种完整性约束：实体完整性、参照完整性和用户定义完整性。

2.2.1 键

在介绍各种完整性约束之前，先学习几个键的概念。

1. 候选键（candidate key）

若关系中的某一属性组的值能唯一的标识一个元组，则称该属性组为候选键。

2. 主属性（primary attribute）

若关系中的一个属性是构成某一个候选关键字的属性集中的一个属性，则称该属性为主属性。

3. 主键（primary key）

若一个关系中有多个候选键，则选定一个为主键。如上例读者基本情况表中的"读者编号"，就可以是一个主键。

4. 外键（foreign key）

设 F 是基本关系 R 的一个或一组属性，但不是 R 的键（主键或候选键），如果 F 与基本关系 S 的主键 K 相对应，则称 F 是 R 的外键，并称 R 为参照关系，S 为被参照关系。可以理解为：如果一个属性是所在关系之外的另一关系的主键，该属性就是它所在关系的外键。外键就是外部表的主键，如表 2-7 和表 2-8 所示。

表 2-7 读者情况表中"读者编号"为主键

读者编号	读者姓名	读者类别	限借数量	已借数量
0022102	张鹏飞	学生	5	4
0051309	李田浩	教师	10	6
0052201	张爽	教师	10	8
0052217	郭龙	教师	10	9

表 2-8 图书借阅信息表中"读者编号"为外键

图书编号	读者编号	借出日期	归还日期
TP12.245	0022102	2008-6-29	
TP23.55	0051309	2008-5-26	2008-11-26
G11.11	0052201	2008-10-21	
G12.08	0052217	2008-8-26	

2.2.2 实体完整性

实体完整性规则：关系中的主键不能为空值（null）。

因为关系中的每一行都代表一个实体，而任何实体都应是可以区分的，而从主键的定义我们知道，主键的值正是区分实体的唯一标识。如果主键值为空，则意味着实体是不可区分的，或者说主键失去了唯一标识元组的作用。

如表 2-3 读者情况关系表中，如果一个图书读者没有编号，由于"读者姓名"、"读者类别"、"限借数量"、"已借数量"都不能唯一标识每一个读者实体，所以，该读者基本情况表若要满足实体完整性，"读者编号"这一列必须不能有空值。

2.2.3 参照完整性

参照完整性规则：表的外键必须是另一个表主键的有效值，或者是空值。

如果外键存在一个值，则这个值必须是另一个表中主键的有效值。或者说，外键可以没有值，但不允许是一个无效值。

如表 2-9 和表 2-10 所示。如果图书借阅信息表中的"读者编号"不是读者基本情况表的"读者编号"的值，则称图书借阅信息表的数据违背了参照完整性。表 2-10 中的读者编号 A102869 就违背了参照完整性。

表 2-9　读者情况表

读者编号	读者姓名	读者类别	限借数量	已借数量
0022102	张鹏飞	学生	5	4
0051309	李田浩	教师	10	6
0052201	张爽	教师	10	8
0052217	郭龙	教师	10	9

表 2-10　图书借阅信息表 A102869 违背参照完整性

图书编号	读者编号	借出日期	归还日期
TP12.245	0022102	2008-6-29	
TP23.55	0051309	2008-5-26	2008-11-26
G11.11	A102869	2008-10-21	
G12.08	0052217	2008-8-26	

2.2.4 用户定义完整性

任何关系数据库都应该支持实体完整性和参照完整性，但由于不同的数据库系统所应用的环境不同，往往需要用户根据需要制定一些特殊的约束条件。

用户定义完整性规则：用户按照实际的数据库运行环境要求，对关系中的数据定义约束条件，它反映的是某一具体应用所涉及的数据必须要满足的条件。

例如：图书借阅信息表中"已借数量"的取值范围是 0~10，读者基本情况表中"读者类别"的取值为"教师"和"学生"。

2.3 关 系 代 数

关系是一个集合，关系的元组是集合的元素，所以集合运算适用于关系。关系代数就是通过对关系的运算来表达查询的，它的运算对象是关系，运算结果也是关系。下面用两个关系 *R*（表 2-11）和 *S*（表 2-12）来说明关系代数运算。

表 2-11　关系 *R*

读者编号	读者姓名	读者类别	限借数量	已借数量
0022102	张鹏飞	学生	5	4
0051309	李田浩	教师	10	6
0052201	张爽	教师	10	8
0052217	郭龙	教师	10	9

表 2-12　关系 *S*

读者编号	读者姓名	读者类别	限借数量	已借数量
0022101	崔辰	学生	5	2
0051309	李田浩	教师	10	6
0022201	何淼	学生	5	3
0052217	郭龙	教师	10	9

关系代数包括：

- 传统的集合运算：主要是并、交、差，这 3 种运算可以实现表中数据的插入、删除、修改等操作。
- 专门的关系运算：选择、投影和连接，这 3 种运算主要为数据查询服务。

2.3.1 传统的集合运算

当集合运算并、交、差用于关系时，要求参与运算的两个关系必须是相容的，即两个关系的度数一致，并且关系属性的性质必须一致。

1. 并

并是将两个关系中的所有元组构成新的关系，并运算的结果中必须消除重复值。关系 *R* 与 *S* 的并运算记作：*R* ∪ *S*。表 2-13 就是 *R* 和 *S* 并运算的结果。

表 2-13　*R* ∪ *S*

读者编号	读者姓名	读者类别	限借数量	已借数量
0022101	崔辰	学生	5	2
0022102	张鹏飞	学生	5	4
0022201	何淼	学生	5	3
0051309	李田浩	教师	10	6
0052201	张爽	教师	10	8
0052217	郭龙	教师	10	9

2．交

交是将两个关系中的公共元组构成新的关系。关系 R 与 S 的交运算记作：$R \cap S$。表 2-14 就是 R 和 S 交运算的结果。

表 2-14　$R \cap S$

读者编号	读者姓名	读者类别	限借数量	已借数量
0051309	李田浩	教师	10	6
0052217	郭龙	教师	10	9

3．差

差的运算结果是由属于一个关系并且不属于另一个关系的元组构成的新关系，就是从一个关系中减去另一个关系。关系 R 与 S 的差运算记作：$R-S$。表 2-15 就是 R 和 S 差运算的结果。

表 2-15　$R-S$

读者编号	读者姓名	读者类别	限借数量	已借数量
0022102	张鹏飞	学生	5	4
0052201	张爽	教师	10	8

2.3.2　专门的关系运算

专门的关系运算包括：选择、投影和连接。

1．选择（selection）

选择是按照给定条件从指定的关系中挑选出满足条件的元组构成新的关系。或者说，选择运算的结果是一个表的行的子集。记作 $\sigma_{<条件表达式>}(R)$。

例如：对 R（表 2-11）进行选择操作，列出所有类别为"教师"的读者名单，选择的条件是<读者类别＝"教师">，选择结果如表 2-16 所示。

表 2-16　$\sigma_{<条件表达式>}(R)$

读者编号	读者姓名	读者类别	限借数量	已借数量
0051309	李田浩	教师	10	6
0052201	张爽	教师	10	8
0052217	郭龙	教师	10	9

2．投影（projection）

投影是从指定的关系中挑选出某些属性构成新的关系。或者说，选择运算的结果是一个表的列的子集。记作 $\pi_A(R)$，其中 A 为 R 的属性列。投影的结果将取消由于取消了某些列而产生的重复元组。

例如：对 R（表 2-11）进行投影操作：

（1）列出所有读者的读者编号、读者姓名、读者类别，结果如表 2-17 所示。

（2）列出读者的限借数量，结果如表 2-18 所示。

表 2-17　$\pi_{读者编号、读者姓名、读者类别}$ (R)

读者编号	读者姓名	读者类别
0022102	张鹏飞	学生
0051309	李田浩	教师
0052201	张爽	教师
0052217	郭龙	教师

表 2-18　$\pi_{限借数量}$ (R)

限借数量
5
10

3．连接（join）

连接是将两个和多个关系连接在一起，形成一个新的关系。连接运算是按照给定条件，把满足条件的各关系的所有元组，按照一切可能组合成新的关系。或者说，连接运算的结果是在两关系的笛卡儿积上的选择。记作：

$$R \underset{条件}{\bowtie} S$$

自然连接：当连接的两关系有相同的属性名时，称这种连接为自然连接，它是连接的一个特例。记作：

$$R \bowtie S$$

例如：有读者情况表（表 2-7）和图书借阅信息表（表 2-8）两个表，存在着相同的属性"读者编号"，对这两个表进行自然连接操作后，得到新的表 2-19。运算过程记作：

读者情况表 $\bowtie$ 图书借阅信息表

表 2-19　读者情况表 $\bowtie$ 图书借阅信息表

读者编号	读者姓名	读者类别	限借数量	已借数量	图书编号	借出日期	归还日期
0022102	张鹏飞	学生	5	4	TP12.245	2008-6-29	
0051309	李田浩	教师	10	6	TP23.55	2008-5-26	2008-11-26
0052201	张爽	教师	10	8	G11.11	2008-10-21	
0052217	郭龙	教师	10	9	G12.08	2008-8-26	

2.4　概 念 模 型

关系数据库是信息系统的基础，建立关系数据库时应遵循一定的原则，否则会出现各种各样的问题。关系规范化就是确定设计关系数据库时的原则、方法，它对数据库开发过程中的数据库建立具有极强的指导作用，应当重点掌握。

2.4.1　问题的提出

在设计关系数据库时，经常采用一种自下而上的设计方法。这种方法是对涉及的所有数据进行收集，然后按照栏目进行归纳分类。

例如：描述一个读者情况的关系，可以使用读者编号、读者姓名、读者类别、图书编号、图书名、作者、出版社、社址、借出日期等几个属性。按照这种模式建立数据库后录入数据，如表 2-20 所示。

表 2-20 读者情况表

读者编号	读者姓名	读者类别	图书编号	图书名	作者	出版社	社址	借出日期
0022102	张鹏飞	学生	TP12.245	计算机导论	安志远	高教	北京	2008-6-29
0022102	张鹏飞	学生	TP377.51	软件测试	李建义	清华	北京	2008-10-20
0022102	张鹏飞	学生	TP365.18	数据结构	李建义	清华	北京	2008-10-20
0051309	李田浩	教师	TP23.55	C 程序设计	安志远	高教	北京	2008-5-26
0051309	李田浩	教师	TP365.19	数据结构	李建义	清华	北京	2008-11-12
0051309	李田浩	教师	TP393.4	嵌入式编程	邓振杰	清华	北京	2008-11-12

通过分析表 2-20 中的数据可以看到，它有如下问题：

- 插入异常：如果图书馆新进了某批新书，但还没有上架，或者上架了但没有读者借出，那么就无法将该批新书的信息成功存入数据库。
- 删除异常：假设某些图书要下架，则在删除该图书信息时会将相关读者信息删除。
- 插入异常：如果学校新调入一名教师，也就是新增加一位读者，但其还未借过任何图书，自然也没有响应的图书借阅信息，那么此时新读者信息无法成功插入。
- 数据冗余：比如，一个读者的基本信息出现的次数要和其借阅图书数量一样多。这样，一方面要浪费很大的存储空间；另一方面系统在维护数据库完整性时会付出很大的代价。

解决这些问题的办法就是重新设计数据库。如上例中，我们将这一个关系拆分成如下几个关系，如表 2-21、表 2-22 和表 2-23 所示。

表 2-21 读者基本情况表

读者编号	读者姓名	读者类别
0022102	张鹏飞	学生
0051309	李田浩	教师

表 2-22 图书信息表

图书编号	图书名	作者编号	作者	出版社编号	出版社	社址
TP12.245	计算机导论	A0081	安志远	P011	高教	北京
TP377.51	软件测试	L0011	李建义	P081	清华	北京
TP365.18	数据结构	L0011	李建义	P081	清华	北京
TP23.55	C 程序设计	A0001	安志远	P011	高教	北京
TP365.19	数据结构	L0011	李建义	P081	清华	北京
TP393.4	嵌入式编程	D0105	邓振杰	P081	清华	北京

表 2-23 借阅信息表

读者编号	图书编号	借出日期
0022102	TP12.245	2008-6-29
0022102	TP377.51	2008-10-20
0022102	TP365.18	2008-10-20
0051309	TP23.55	2008-5-26
0051309	TP365.19	2008-11-12
0051309	TP393.4	2008-11-12

读者基本情况表和图书借阅信息表依赖"读者编号"的关联作用实现相关检索，图书信息表和图书借阅信息表通过"图书编号"实现相关检索，很显然，通过划分为这 3 个表之后，前述问题基本被解决了。

2.4.2　关系模式的规范化

1．范式（normal form）

范式是人们在设计数据库的实践中，根据在不同的设计方法中出现操作异常和数据冗余的程度，将建立关系需要满足的约束条件划分成若干标准，这些标准称为范式（normal form，简写为 NF）。范式的级别越高，发生操作异常的可能性越小，数据冗余越小。但由于关联多，读取数据时花费的时间也会相应增加。

关系规范化的过程就是将一个关系无损分解转换成若干高级范式关系的过程，随着规范化程度的提高，关系中发生操作异常和冗余的可能性会减少。

2．第一范式（1NF）

对于给定的关系 R，如果 R 中的所有行、列交点处的值都是不可再分的数据项，则称关系 R 属于第一范式，记作：$R \in 1NF$。

1NF 是关系数据库中对关系的最低要求，它是从关系的基本性质而来的，任何关系必须遵守。

前面我们所用到的各个实例关系，均符合第一范式。也有不符合第一范式的，如"地址"这一属性，如果将"地址"分解成"省"、"市县"、"街道"和"门牌号码"4 个属性，它就符合第一范式了。

符合了第一范式的关系，只是满足了最基本的规范条件，它还不是一个没有问题的关系。例如表 2-20 所描述的读者关系，它虽然符合第一范式，但是存在着上面介绍的各种问题。解决这些问题的方法是，让关系满足第二范式。

3．第二范式（2NF）

如果关系 $R \in 1NF$，并且 R 的每一个非主属性都决定于主键，则称 R 属于第二范式，记作：$R \in 2NF$。

如将表 2-20 分解成表 2-21、表 2-22 和表 2-23 后（每个表的深色背景为主键），各个表的记录一旦主键值确定后，每条记录的其他列也就被确定，所以，这些表属于第二范式。

虽然前面的表 2-20 分解成 3 个表，达到了第二范式标准，但仍有比较严重的冗余。例如表 2-22 中任何一本书都对应一个作者，但是一个作者却可以编写多本书。如李建义老师曾编写过两本书，结果是李建义的记录出现了三次。同理，一本书的出版社只能是一个，但是一个出版社可以出版多种图书。如清华出版社曾出版过三本书，结果是清华出版社的记录被录入了三次。

4．第三范式（3NF）

如果关系 $R \in 2NF$，并且 R 的每一个非主属性都不间接决定于主键，则称 R 属于第三范式，记作：$R \in 3NF$。

如表 2-22 中，"图书编号"为主键，每一本书对应一个作者和出版社，"作者编号"和"出版社编号"决定于"图书编号"，不同的图书有不同的作者编号和出版社；而每个作者的编号只有一个，不同的作者有着不同的编号；而每个出版社的社址只有一个，"社址"则决定于出版社，不同的出版社有不同的社址；而从表2-22整体来看，"社址"间接决定于主键"图书编号"，所以，它不符合第三范式。解决的办法是将表2-22拆分成表2-24、表2-25和表2-26 3个表。

表2-24 作者表

作者编号	作者
A0001	安志远
D0105	邓振杰
L0011	李建义

表2-25 出版社表

出版社编号	出版社	社址
P011	高教	北京
P081	清华	北京
P011	高教	北京

表2-26 图书信息表

图书编号	图书名	作者编号	出版社编号
TP12.245	计算机导论	A0081	P011
TP377.51	软件测试	L0011	P081
TP365.18	数据结构	L0011	P081
TP23.55	C 程序设计	A0001	P011
TP365.19	数据结构	L0011	P081
TP393.4	嵌入式编程	D0105	P081

达到第三范式的关系仍有可能存在冗余等问题，所以关系数据库理论还有 BCNF、4NF 和 5NF 等范式。在实际应用中，一般达到了 3NF 的关系就可以认为是较为优化的关系了。

2.4.3 关系分解的原则

关系的规范化就是将关系按照一定的原则不断地分解为多个关系的过程，通过分解使关系逐步达到较高的范式。任何一个非规范化的关系经过分解都可以达到 3NF。

随着关系规范化程度的提高，操作异常问题会得到解决，数据冗余会得到有效控制，但是带来的另一个问题是关系模式的数量会增多。原来在单个或较少关系模式上执行的操作，关系规范化后就可能要在多个关系模式上进行，这就使检索数据的速度大大降低。在实际应用中，数据库设计人员应根据具体情况灵活掌握，千万不要盲目追求规范化的程度。

关系分解的方法往往不是唯一的，不同的分解方案差别可能很大，因此在分解时应注意保证分解的正确性，即要保证分解前后的关系等价。

关系分解的基本原则是：

（1）关系分解后必须可以无损连接。无损即分解后信息不能丢失，连接即对分解后的关系进行某种连接运算后能使之还原到分解前的状态。

如将表2-22分解成表2-27和表2-28时，由于出版社表中的社址都是北京，所以无法通过"社址"区分哪个是高教，哪个是清华，也就是说，不能保证这两个表通过自然连接恢复到原来的关系，即丢失了原关系的信息。

表 2-27　图书信息表

图书编号	图书名	作者编号	作　者	社　址
TP12.245	计算机导论	A0081	安志远	北京
TP377.51	软件测试	L0011	李建义	北京
TP365.18	数据结构	L0011	李建义	北京
TP23.55	C 程序设计	A0001	安志远	北京
TP365.19	数据结构	L0011	李建义	北京
TP393.4	嵌入式编程	D0105	邓振杰	北京

表 2-28　出版社表

出版社编号	出　版　社	社　址
P011	高教	北京
P081	清华	北京
P081	清华	北京
P011	高教	北京
P081	清华	北京
P081	清华	北京

（2）分解后的关系要相互独立。分解后的各关系之间应是相互独立的，即修改某一个关系不会涉及修改另外一个关系。

本 章 小 结

关系的概念是由"域"引申出来的，它来自"域"的笛卡儿积中有意义的子集，用来表示现实世界的实体。关系可以简单的理解为二维表。表中的列称为属性，DBMS 中称为列或字段，取自同一个域；行称为元组，DBMS 中称为行或记录，代表一个实体的值。关系的若干性质应该从二维表加以理解。

关系的完整性约束是保证数据的正确性和相容性的有效手段，深刻理解"键"和"关系完整性"的相关概念，是后面学习实际的 DBMS 的基础。

关系是元组的集合，所以任何集合运算都适用于关系，在此基础之上，要重点掌握专门适合于关系运算的选择、投影和连接操作，这是关系数据库的理论基础。

关系的规范化是关系数据库设计必须要考虑的问题。在关系数据库设计过程中，怎样建立各个关系，使系统既稳定又灵活，数据库既便于维护又利于使用是个重要问题，设计满足范式的关系模式是我们经常采用的方法之一。本章重点讲述了第一范式（1NF）、第二范式（2NF）以及第三范式（3NF）。

课 后 练 习

1. 设有两个域，名为 D_1 和 D_2。

D_1={计算机系，体育系}是某高校所设系的集合。

D_2={计算机网络，足球，计算机多媒体，计算机应用，排球，篮球}是此高校所开设的专业的集合。

D_1 的基数为＿＿＿＿＿，D_2 的基数为＿＿＿＿＿，$D_1 \times D_2$ 的基数为＿＿＿＿＿。

列出 $D_1 \times D_2$ 所对应的二维表。

2. 解释下列名词：主属性、候选键、主键、外键。

3. 已知 A，B 两个关系如下表所示，求 $A \cap B$，$A \cup B$，$A-B$。

A

X	Y	Z
a	3	c_1
b	4	c_2
c	5	c_3

B

X	Y	Z
a	3	c_1
b	6	c_2
c	7	c_3

4. 已知 R，S 两个关系如下表所示，求 $R \bowtie S$。

R

A	B	C
a	1	c_1
b	2	c_2
c	3	c_3

S

B	C	D
a	3	d_1
b	6	d_2
c	7	d_3

5. 已知 A，B 两个关系如下表所示，B<E，求 $A \bowtie B$。

A

A	B	C
a	1	c_1
b	4	c_2
c	8	c_3

B

E	F
3	d_1
6	d_2
7	d_3

6. 求 σ<读者类别"=学生" and 已借数量<4>R（表 2-13）。

7. 设有图书借阅关系 JYDJ：

JYDJ（借书证号，读者姓名，单位，单位电话，图书编号，图书名称，出版社，出版日期，图书单价，借阅日期）。

（1）根据模式表达的语义，在模式中用箭头标明各属性之间的依赖情况。

（2）此关系的主关键字是＿＿＿＿＿，范式等级为＿＿＿＿＿。

（3）将图书借阅关系 JYDJ 规范至 3NF。

8. 设有某工厂工人年度考核关系模式如下：

时 间	职工编号	姓名	工种	定额	超额	车间	车间主任
2008 年上半年	1001	李宁	车工	90	10	一车间	周杰
2008 年上半年	1002	王海	铣工	80	20	一车间	周杰
2008 年上半年	1003	赵亮	钳工	90	15	二车间	吴明
2008 年上半年	1004	张力	铣工	80	10	二车间	吴明
2008 年下半年	1001	李宁	车工	100	20	一车间	周杰
2008 年下半年	1002	王海	铣工	90	10	一车间	周杰
2008 年下半年	1003	赵亮	钳工	100	15	二车间	吴明
2008 年下半年	1004	张力	铣工	90	10	二车间	吴明

将模式无损分解至 3NF，给出各个关系模式。

第❸章
结构化查询语言 SQL

本章要点

本章将介绍关系数据库的标准语言——结构化查询语言（structured query language，SQL），它包括查询、定义、操纵和控制 4 个部分，是一种功能齐全、应用广泛的数据库语言。当前，几乎所有的关系数据库软件都支持 SQL 语言，在许多软件产品中，软件厂商都对 SQL 的基本命令集进行了扩充，将其扩展成嵌入式 SQL 语言，嵌入到不同的语言开发环境中使用。它具有功能强大、使用灵活、学习方便等优点。本章主要讨论的是标准 SQL 语言，并且以 SQL Server 2000 作为应用环境，在学习 SQL 语言的同时学会 SQL Server 2000 的一些基本操作。在本章的学习中，应重点掌握以下内容：

- SQL 语言的主要特点
- SQL 语言的基本构成
- SQL 语言的常用命令的应用方法
- SQL Server 2000 查询分析器和企业管理器的简单应用

3.1 SQL 语言基本知识

3.1.1 SQL 的发展史

SQL 从诞生到现在已经有 30 多年的时间，SQL 的发展历史主要经历了如下几个过程：

- 1974 年 IBM 圣约瑟实验室的 Boyce 和 Chamberlin 为关系数据库管理系统 System-R 设计的一种查询语言，当时称为 SEQUEL 语言（structured english query language），后简称为 SQL。
- 1981 年 IBM 推出关系数据库系统 SQL/DS 后，SQL 得到了广泛应用。
- 1986 年美国国家标准协会（ANSI）公布了第一个 SQL 标准——SQL86，SQL86 主要内容有模式定义、数据操作、嵌入式 SQL 等。
- 1987 年，ISO 通过 SQL86 标准。
- 1989 年，ISO 制定 SQL89 标准，SQL89 标准在 SQL86 基础上增补了完整性描述。

- 1990 年，我国制定等同 SQL89 的国家标准。
- 1992 年，ISO 制定 SQL92 标准，即 SQL2。SQL2 相当庞大，分为 3 个级别，实现了对远程数据库访问的支持。
- 1999 年，ANSI 制定 SQL3 标准，在 SQL2 基础上扩充了面向对象功能，支持自定义数据类型，提供递归操作，临时视图、更新一般的授权结构、嵌套的检索结构、异步 DML 等。
- 今天，SQL 广泛应用于各种大、中、小型数据库，如 Sybase，Informix、SQL Server、Oracle、DB2、MySQL、Access 等。并且在当前流行的众多流行软件开发环境（语言）中都支持嵌入式 SQL 语句，如 Visual C++、Visual J++、.NET、C#等，使得数据库应用软件的开发变得容易。

从 SQL 语言的发展历程我们可以看到，SQL 在 30 多年的时间内，经历了从厂家标准到国际标准的升迁，而且还在不断地完善，其应用范围不断地扩大。

3.1.2　SQL 的特点

SQL 具有如下特点：

（1）SQL 语言是一种关系数据库语言，提供数据的定义、查询、更新和控制等功能。功能强大，能够完成下面各种数据库操作：

- 能完成合并、求差、相交、乘积、投影、选择、连接等所有关系运算。
- 可用于统计计算。
- 能操作多个表。

（2）SQL 语言不是一个应用程序开发语言，它只提供对数据库的操作能力，不能完成屏幕控制、菜单管理、报表生成等功能。可作为交互式语言独立使用，也可作为子语言嵌入宿主语言中使用，成为应用开发语言的一部分。

（3）有利于各种数据库之间交换数据、程序的移植、实现程序和数据间的独立性；有利于实施标准化。

（4）书写简单、易学易用。SQL 语言功能很强，但语言十分简捷，完成核心功能只用了 9 个英语动词，它的语法结构接近英语口语，因此容易学习和使用。

3.1.3　SQL 的分类

SQL 语言的命令通常分为 4 类。

1．数据定义语言（DDL）

数据定义语言（data definition language，DDL）用于创建、修改或删除数据库中各种对象，包括表、视图、索引等。数据定义语句如表 3-1 所示。

表 3-1　数据定义语句

操 作 对 象	操 作 方 式		
	创 建	修 改	删 除
表	CREATE TABLE	ALTER TABLE	DROP TABLE
视图	CREATE VIEW		DROP VIEW
索引	CREATE INDEX		DROP INDEX

2. 数据查询语言（DQL）

数据查询语言（data query language，DQL）能够按照指定的组合、表达式条件或排序要求检索已存在的数据库中的数据，但并不改变数据库中数据。

语句：SELECT…FROM…WHERE。

3. 数据操纵语言（DML）

数据操纵语言（data manioulation language，DML）实现对已经存在的数据库进行记录的插入、删除、修改等操作。

语句：INSERT、UPDATE、DELETE。

4. 数据控制语言（DCL）

数据控制语言（data control language，DCL）用来授予或收回访问数据库的某种特权、控制数据操纵事务的发生时间及效果、对数据库进行监视。

语句：GRANT、REVOKE、COMMIT、ROLLBACK。

> **说 明**
>
> 在书写各种 SQL 命令时，命令中所涉及的字母及标点符号，如括号、逗号、分号、圆点（英文句号）等都应是英文半角，如果写成中文全角符号，则会在执行命令时出错。

3.2 SQL Server 2000 简介

随着 Internet 信息技术的高速发展，由微软公司推出的 SQL Server 系列网络数据库产品已经广泛应用于各种行业。其中 SQL Serve 2000 作为数据库管理系统开发企业数据库的产品，主要是构建电子商务和数据仓库的数据库服务器，是目前市场上的主流数据库管理系统之一。

3.2.1 管理工具

SQL Server 2000 成功安装后，从 Windows "开始" 菜单选择【程序】|【Microsoft SQL Server】后可以看到 SQL Server 2000 为用户管理和检测系统提供了一组工具，如图 3-1 所示。

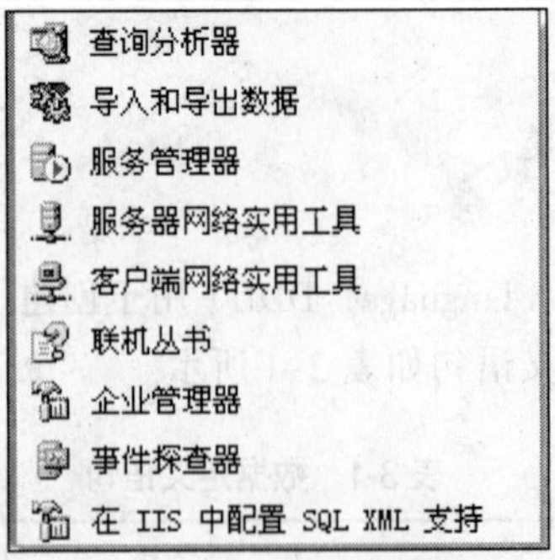

图 3-1　SQL Server 2000 提供的工具

1. 查询分析器（query analyzer）

查询分析器是图形化的查询分析器工具，可以使用 SQL 语句创建和操作数据库。

"查询分析器" 窗口如图 3-2 所示。

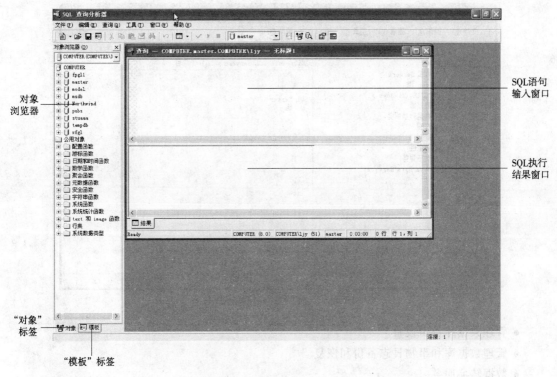

对象
浏览器

SQL语句
输入窗口

SQL执行
结果窗口

"对象"
标签

"模板"标签

图 3-2 "查询分析器"窗口

2. 导入和导出数据（import and export data）

提供 SQL Server 和其他数据源之间的数据转换服务。

3. 服务管理器（service manager）

SQL Server 服务管理器。可用来启动、暂停、继续和停止 SQL Server、SQL Server Agent 等服务。

4. 服务器网络实用工具（server network utility）

服务器网络配置和参数设置的管理工具。

5. 客户端网络实用工具（client network utility）

用于管理客户端的 DB_Library、Net_Libraries 和用户自定义的网络连接配置。

6. 联机丛书（books online）

为用户提供 SQL Server 2000 的联机帮助文档。它具有索引和全文搜索能力，可根据关键词来快速查找用户所需的资料。

7. 企业管理器（enterprise manager）

SQL Server 企业管理器是一个具有图形界面的综合管理工具，如图 3-3 所示。

SQL Server 企业管理器的主要功能如下：

● 管理 SQL Server 服务器、数据库以及数据表、视图、存储过程、触发器、索引等数据库对象和用户定义的数据类型。

● 管理 SQL Server 登录和用户。

● 设置数据库对象的访问许可。

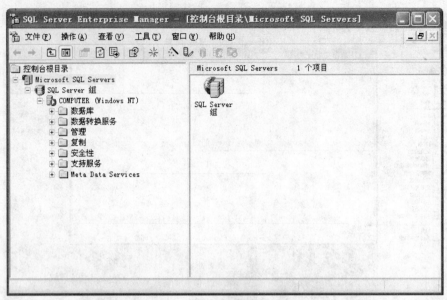

图 3-3　企业管理器图形界面

- 管理数据库备份设备。
- 管理数据库和事物日志备份和恢复。
- 数据转换服务。
- 创建全文索引、数据库图表。
- 创建和管理数据库维护计划。
- 创建 Web 出版和管理各种 Web 事务。
- 创建和管理各种作业。
- 创建和管理各种报警信息。
- 创建和管理分布式数据库复制。

8. 事件探查器（profiler）

事件探查器是从服务器捕获 SQL Server 事件的工具。能够连续实时地捕获服务器的活动记录，监视 SQL Serve 所产生的事件，并将监视结果输出到文件、数据表或显示屏上。

9. 在 IIS 中配置 SQL XML 支持（configure SQL XML support in IIS）

因特网信息服务（internet information services，IIS）工具可以在运行 IIS 的计算机上定义、注册虚拟目录，并在虚拟目录和 SQL Server 实例之间创建关联。

3.2.2　查询分析器

在"查询分析器"窗口中，可以使用 SQL Server 命令、语句或存储过程等对 SQL Server 2000 进行管理，特别是可以在此窗口中对数据表和视图进行操作和查询。本章 SQL 语句的操作实例全部通过查询分析器实现。

1. 启动查询分析器

启动查询分析器有两种方式：一是通过【Microsoft SQL Server】菜单中的【查询分析器】命令打开此窗口，二是通过 SQL Server 的企业管理器窗口中的【工具】菜单来打开此窗口。

通过【Microsoft SQL Server】菜单中的【查询分析器】命令打开"查询分析器"窗口的具体方法如下：

（1）单击【开始】|【程序】|【Microsoft SQL Server】|【查询分析器】命令，如图 3-4 所示。

（2）出现"连接到 SQL Server"对话框，如图 3-5 所示。

图 3-4　启动查询分析器界面　　　　　图 3-5　【连接到 SQL Server】对话框

（3）单击"连接到 SQL Server"对话框中的"SQL Server"组合框右边的【…】（浏览）按钮，出现"选择服务器"对话框。在对话框中选择一个服务器，如图 3-6 所示。

（4）单击"连接到 SQL Server"对话框中的【确定】按钮，即出现"查询分析器"窗口，如图 3-2 所示。

通过 SQL Server 的企业管理器窗口打开"查询分析器"窗口的具体方法如下：

（1）打开 SQL Server 企业管理器窗口，在窗口中选择 SQL Server 组服务器。

（2）单击 SQL Server 企业管理器窗口中的【工具】菜单，选择【SQL 查询分析器】命令，如图 3-7 所示，即出现如图 3-2 所示的"查询分析器"窗口。

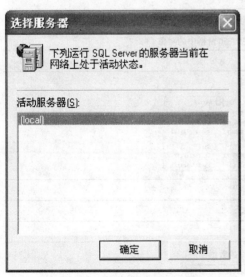
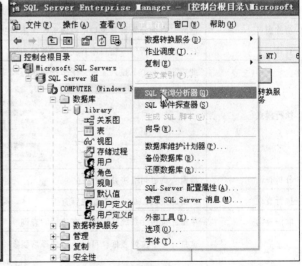

图 3-6　【选择服务器】对话框　　　　图 3-7　企业管理器窗口中的【工具】菜单

2."查询分析器"窗口中的工具栏

为了本书后续内容的叙述方便，这里简单介绍"查询分析器"窗口中工具栏的具体内容和功能。

"查询分析器"窗口中的工具栏如图 3-8 所示。

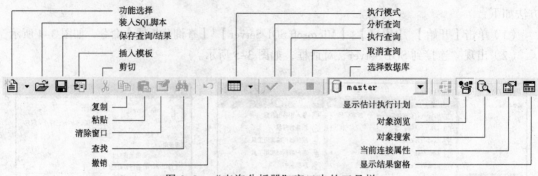

图 3-8　"查询分析器"窗口中的工具栏

"查询分析器"窗口中工具栏的主要功能如表 3-2 所示。

表 3-2　"查询分析器"窗口中工具栏的主要功能简介

功　　能	功　能　介　绍
功能选择	从中可以选择某种操作
装入 SQL 脚本	打开一个对话框，装入 SQL 脚本文件（扩展名为.sql）
清除窗口	清除"查询分析器"窗口中的内容，但不包括左边窗格中的对象
查找	在"查询分析器"窗口中查找所需要的内容
执行模式	此按钮有一个下拉列表框，用于选择执行模式
分析查询	检索查询语句语法并执行
执行查询	单击此按钮，系统将开始执行查询
取消查询	单击此按钮，系统将取消正在执行的查询
选择数据库	这是一个下拉列表框，可以从中选择需要操作的数据库。

续表

功　能	功　能　介　绍
对象 搜索	单击此按钮,系统将出现"对象搜索"(object search)对话框 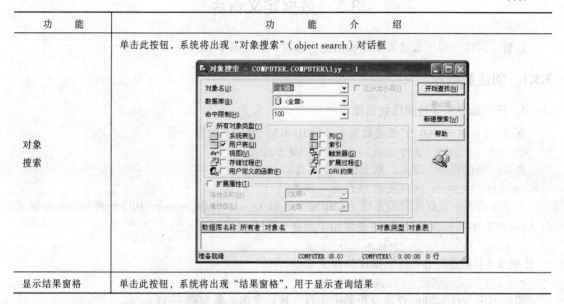
显示结果窗格	单击此按钮,系统将出现"结果窗格",用于显示查询结果

3. 使用查询分析器执行 SQL 语句实例

【例 3.1】在 lib_reader 表中插入记录。

在查询编辑窗口输入 SQL 语句,单击【执行查询】按钮,执行结果如图 3-9 所示。

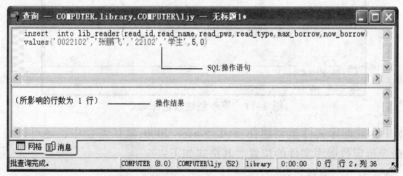

图 3-9　在 lib_reader 表中插入记录

【例 3.2】查询 lib_reader 表中所有记录。

在查询编辑窗口输入 SQL 语句,单击【执行查询】按钮,执行结果如图 3-10 所示。

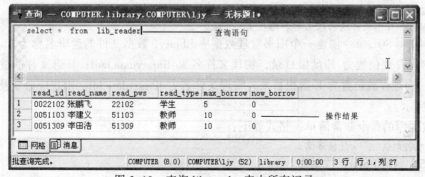

图 3-10　查询 lib_reader 表中所有记录

3.3 数据定义命令

数据定义命令用于创建数据库和创建、修改、删除基本表。

3.3.1 创建数据库

1. 使用命令创建与删除数据库

在 ANSI 标准的 SQL 中创建数据库（SCHEMA：模式）的命令是：

```
CREATE  SCHEMA  AUTHORIZATION  <创建者>;
```

例如，创建者是李建义，则上面命令写作：

```
CREATE  SCHEMA  AUTHORIZATION  李建义;
```

大多数的关系数据库管理系统（RDBMS），如 Oracle、SQL Server、DB2 所使用的命令格式与 ANSI SQL 不同，这些 RDBMS 更常用下面命令格式：

```
CREATE  DATABASE  <数据库名>;
```

【例 3.3】创建图书管理数据库的命令是：

```
CREATE  DATABASE  library;
```

如在 SQL Server 2000 查询分析器中执行上述命令的结果如图 3-11 所示。

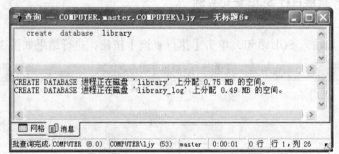

图 3-11　简单创建数据库命令

上述命令中，数据库文件被创建在 SQL Server 2000 默认路径中，还可以使用 CREATE DATABASE 命令指定数据库文件的位置。其格式如下：

```
CREATE DATABASE <数据库名>
ON
（NAME=数据文件的逻辑名称
FILENAME=数据文件的物理名称和路径）
LOG ON
（NAME=日志文件的逻辑名称
FILENAME=日志文件的物理名称和路径）
```

【例 3.4】用 SQL 命令创建一个图书管理数据库 library，数据文件的逻辑名称为 library_data，数据文件物理存放位置为 E:盘根目录，物理文件名为 librarydata.mdf；日志文件的逻辑名称为 library_log，物理存放位置为 E:盘根目录，物理文件名为 librarydata.ldf。则相应命令及执行结果如图 3-12 所示。

删除数据库的命令非常简单，格式如下：

```
DROP DATABASE  <数据库名>
```

【例 3.5】删除 library 数据库。

```
DROP DATABASE library
```

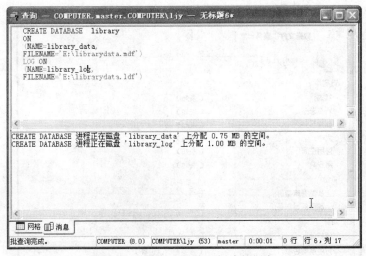

图 3-12　指定文件路径创建数据库

2. 使用企业管理器创建与删除数据库

在 SQL Server 2000 的企业管理器中创建数据库的步骤如下：

（1）如图 3-13 所示，单击工具栏中的 🔘 按钮，或在当前服务器图标下右击，选择【新建】|【数据库】命令，或从主菜单中选择【操作】|【新建】|【数据库】命令，或者在服务器的数据库文件夹或其下属数据库图标上右击，选择【新建数据库】命令，将会弹出如图 3-14 所示的【数据库属性】对话框。

（2）在【常规】选项卡的【名称】文本框中输入数据库的名称，如 library。

（3）在【数据文件】选项卡中，指定数据库文件的名称、存储位置等信息。

（4）在【事务日志】选项卡中，指定事务日志文件的名称、存储位置等信息。

（5）单击【确定】按钮，则创建一个数据库。

要删除一个数据库，只需在企业管理器中服务器下"数据库"文件夹下选择相应的数据库名称，右击选择【删除】命令即可。

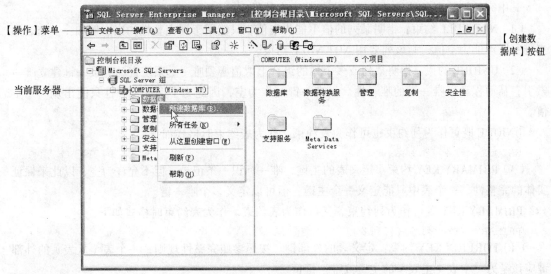

图 3-13　利用企业管理器创建数据库

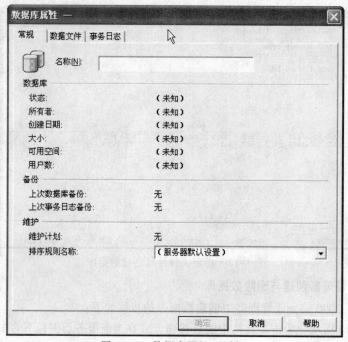

图 3-14　数据库属性对话框

3.3.2　创建数据表

1. 使用 SQL 命令创建表

数据库相当于一个容器，创建了数据库之后，就可以在数据库中创建数据表，这些数据表就是我们前面章节中讨论的关系，即二维表。创建基本表的命令格式为：

```
CREATE TABLE <表名>(<列名 1><数据类型>[列级完整性约束条件],
<列名 1><数据类型>[列级完整性约束条件],
...
[,表级完整性约束条件]);
```

其中完整性约束条件是对主键、空值等约束的设定，包括：

（1）NOT NULL 约束：指明某列的值不能为空值，只能用于列完整性约束。例如：一个表的主键字段不能为空值，则该列要用 NOT NULL 约束。

（2）UNIQUE 约束：指明某列或多个列的组合上取值必须唯一，系统自动为唯一键建立唯一索引，从而保证了唯一键的唯一性。但唯一键允许为空，因此为了保证唯一性只能出现一个空值。

UNIQUE 既可作为列约束也可作为表约束。作为表约束时格式如下：

```
UNIQUE <列名>[{,列名}]
```

（3）PRIMARY KEY 约束：定义表的主键，唯一标识一条记录，但不允许为空，以此来保证实体的完整性。一个表中只能定义一个主键，但可以定义多个唯一键。

PRIMARY KEY 既可作为列约束，又可作为表约束。作为表约束时格式如下：

```
PRIMARY KEY <列名>[{,列名}]
```

（4）FOREIGN KEY 约束：定义表的外部键。按照参照完整性规则，一个表（从表）的外部键应该是另一个表（主表）的主键或唯一键值。

FOREIGN KEY 既可作为列约束，又可作为表约束。作为表约束时格式如下：

```
FOREIGN KEY REFERENCES <主表名>(<列名>[{,列名}])
```

（5）DEFAULT 约束：为某字段设置默认值，只能用于列，格式如下：

```
DEFAULT <默认值>
```

（6）CHECK 约束：指明某列或多列的取值范围或取值要求，来实现用户定义的完整性。如要求图书的价格大于 0。

CHECK 约束既可用于列约束，又可用于表约束，其语法格式为：

```
CHECK <条件>
```

【例 3.6】在 SQL Server 中创建如表 3-3 所示的读者基本信息表。

表 3-3　读者基本信息表（lib_reader）

read_id	read_name	read_psw	read_type	max_borrow	now_borrow
0022102	张鹏飞	22102	学生	5	0
0051309	李田浩	51309	教师	10	0
0052201	张爽	52201	教师	10	0
0052217	郭龙	52217	教师	10	0

其命令是：

```
CREATE TABLE lib_reader(
    read_id    varchar(50)  NOT NULL  PRIMARY KEY,
    read_name  varchar(50),
    read_pws   char(10),
    read_type  varchar(50),
    max_borrow int NOT NULL,
    now_borrow int
)
```

创建如表 3-4 所示的图书基本信息表。

表 3-4　图书基本信息表（lib_book）

book_id	book_name	book_author	book_press	book_date	book_price	book_reserve
G11.11	大学英语	李慧如	清华	2001-1-1	18	Yes
G12.08	English program	Tom	清华	2007-9-1	30	No
TP12.245	计算机导论	安志远	高教	2006-7-1	29	No
TP23.55	C 程序设计	安志远	高教	2008-1-1	30	No

其命令是：

```
CREATE TABLE lib_book(
    book_id varchar(10) NOT NULL PRIMARY KEY,
    book_name varchar(30) NOT NULL,
    book_author varchar(20) NOT NULL,
    book_press varchar(30) NOT NULL,
    book_date datetime,
    book_price numeric(5,1),
    book_reserve varchar(4)
)
```

使用 SQL Server 的查询分析器创建 lib_reader 表的界面环境如图 3-15 所示。

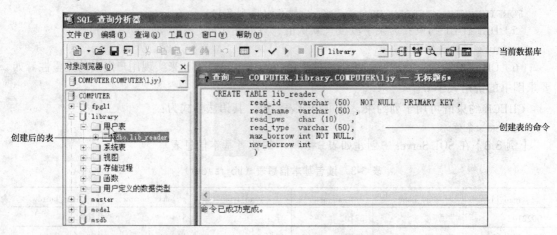

图 3-15　在 SQL Server 中执行 SQL 命令

创建如表 3-5 所示的读者借阅信息表（lib_borrow）。

表 3-5　读者借阅信息表（lib_borrow）

read_id	book_id	borrow_date	return_date
0022102	G12.08	2008-6-1	2008-9-1
0051309	G12.08	2008-9-2	
0055309	TP23.55	2008-9-2	

其命令是：

```
CREATE TABLE lib_borrow(
    read_id varchar(50)NOT NULL FOREIGN KEY REFERENCES lib_reader(read_id),
    book_id varchar(10)NOT NULL FOREIGN KEY REFERENCES lib_book(book_id),
    borrow_date datetime NOT NULL,
    return_date datetime
    PRIMARY KEY(read_id,book_id)
)
```

2. 使用企业管理器创建表

选择【开始】|【所有程序】|【Microsoft SQL Server】|【企业管理器】命令，打开企业管理器窗口。

在企业管理器窗口中建立表的方法有 3 种：

● 在相应数据库如本书实例 library 上右击，在弹出的快捷菜单中选择【新建】|【表】命令。

● 在企业管理器的左端展开数据库的相应选项，在"表"上右击，在弹出的快捷菜单中选择【新建表】命令，如图 3-16 所示。

● 在企业管理器的主菜单中选择【操作】|【新建】|【表】命令。

做上述任何一种操作后，将会弹出新建表窗口。

在新建表的窗口中分别输入每列的列名、数据类型、长度、允许空的数据，如图 3-17 所示为表 lib_reader 的设计结果，在设计为主键的列前右击，在弹出的快捷菜单中选择【设置主键】命令即将该列设置为了主键，如图 3-17 中的 read_id 列。设置为主键的列左端会显示钥匙的图案标志。然后单击【保存】按钮，弹出的对话框如图 3-18 所示。

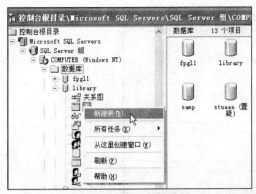

图 3-16 企业管理器窗口

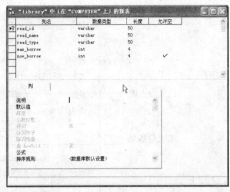

图 3-17 新建表 lib_reader 窗口

输入表的名称，如 lib_reader，然后单击【确定】按钮即完成一个表的创建。

本书实例中 lib_book 表的创建窗口如图 3-19 所示。

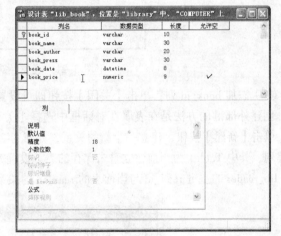

图 3-18 "选择名称"对话框

图 3-19 新建表 lib_book

按照上述方法创建借阅表 lib_borrow，该表中组合主键的设置方法如下：

（1）设置 read_id 为主键。

（2）如图 3-20 所示，在 read_id 列的左边右击，在弹出的快捷菜单中选择【索引/键】命令，打开如图 3-21 所示的表属性对话框。

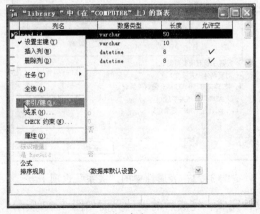

图 3-20 新建表 lib_borrow

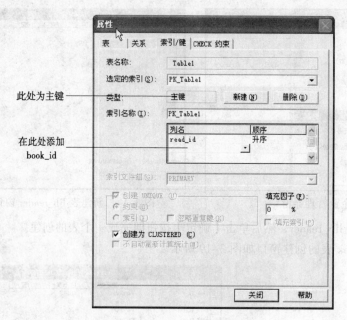

图 3-21　表属性对话框

（3）添加 book_id 列，单击【关闭】按钮即可设置 read_id 与 book_id 为组合主键。

创建外部键的方法是在表属性对话框中选择【关系】选项卡。

单击【新建】按钮，建立一个新的关系，如图 3-22 所示分别设置主键表、主键列、外键表、外键列，其中 Table1 为当前建立且未保存的表。设置完成后，单击【新建】按钮建立另外一个关系（lib_reader 的主键 read_id 与当前表的 read_id 的关系），单击【关闭】按钮完成外部键的设置。

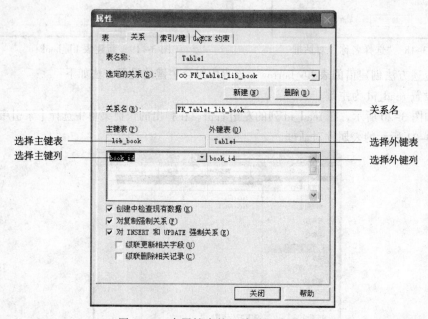

图 3-22　表属性中的"关系"选项卡

至此，lib_borrow 表设计完成，完成后的设计界面如图 3-23 所示。

图 3-23　lib_borrow 表的设计结果

3.3.3　数据表的修改

1. 使用命令修改数据表

添加新列命令如下：

ALTER TABLE <表名> ADD 列名 数据类型;

【例 3.7】lib_reader 表中添加"lib_密码"列。

在查询窗口中输入命令如图 3-24 所示。

图 3-24　添加、删除列命令执行过程

2. 使用企业管理器修改表

在企业管理器中对数据库表进行修改的方法是选定对应的表（见图 3-25）右击，在弹出的快捷菜单中选择"设计表"命令，打开"设计表"对话框，界面同新建表的对话框（见图 3-20），添加或删除列只需在右键快捷菜单中选择"插入列"或"删除列"命令即可。

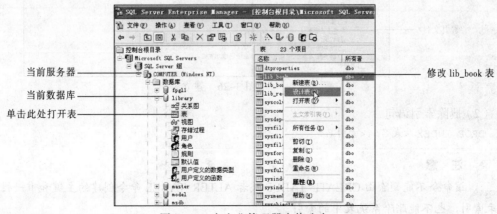

图 3-25　在企业管理器中修改表

3.3.4 数据表的删除

1. 使用命令删除表

```
DROP TABLE <表名>;
```

【例 3.8】删除前面所建的 lib_reader 表，使用如下命令格式：

```
DROP TABLE lib_reader;
```

2. 使用企业管理器删除表

使用企业管理器删除表只需在如图 3-25 所示窗口中选择相应的表，右击，在弹出的快捷菜单中选择【删除】命令即可。

3.3.5 索引的建立与删除

可以利用索引快速访问数据库表中的特定信息。索引是对数据库表中一个或多个列的值进行排序的结果。如果想按特定学生的姓名来查找，则与在表中搜索所有的行相比，索引有助于更快地获取信息。

1. 使用命令建立与删除索引

（1）建立索引语句

```
CREATE [UNIQUE] INDEX 索引名 ON 基本表名(列名[次序][,列名[次序]]…)
```

> **说　明**
>
> 索引可以建立在一列和多列之上，索引顺序可以是 ASC（升序）或 DESC（降序），缺省值是升序。UNIQUE 表示每一个索引值对应唯一的数据记录。

【例 3.9】在读者基本信息表 lib_reader 之上建立一个关于读者基本信息表的索引文件。索引文件名为"读者索引"，索引建立在 lib_name 上，按 lib_name 降序排序，如图 3-26 所示。

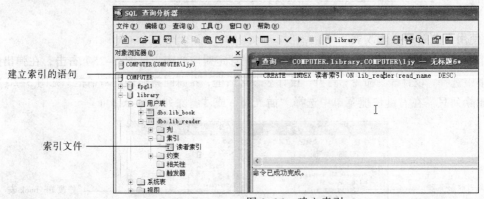

图 3-26　建立索引

（2）删除索引语句

```
DROP INDEX <表名>.<索引名>
```

> **注　意**
>
> 该命令不能删除由 CREATE TABLE 或者 ALTER TABLE 命令创建的主键和唯一性约束索引，也不能删除系统表中的索引。

【**例 3.10**】删除例 3.9 创建的索引"读者索引"。程序代码如下:

```
DROP INDEX lib_reader.读者索引
```

2．使用企业管理器建立与删除索引

使用企业管理器建立与删除索引的方法与建立组合主键的方法类似,在图 3–22 所示的表属性对话框的"索引/键"选项卡中,单击【新建】按钮建立索引(注意类型为"索引"),单击【删除】按钮删除选定的索引。

3.4　数据查询语言

3.4.1　查询语句格式

SQL 语言的查询语句一般格式是:

```
SELECT [ALL|DISTINCT]<目标列表达式>[,<目标列表达式>]…
    FROM <基本表名或视图名>[,<基本表名或视图名>]…
[WHERE <条件表达式>]
[GROUP BY <列名 1>[HAVING <条件表达式>]]
[ORDER BY <列名 2>[ASC|DESC]];
```

下面对该命令进行一些说明:

1．命令含义

从 FROM 子句指定的基本表或视图中,根据 WHERE 子句的条件表达式查找出满足该条件的记录,按照 SELECT 子句指定的目标列表达式,选出元组中的属性值形成结果表。如果有 GROUP BY 子句,则将结果按<列名 1>的值进行分组,该属性列值相等的元组为一个组;如果 GROUP BY 子句带有 HAVING,则只有满足短语指定条件的分组才会输出。如果有 ORDER BY 子句,则结果表要按照<列名 2>的值进行升序或降序排列。

SELECT [ALL|DISTINCT]<目标列表达式>实现的是对表的投影操作,WHERE <条件表达式>中实现的是选择操作。

2．目标列表达式

(1)列表达式可以是"列名 1,列名 2…"的形式;如果 FROM 子句指定了多个表,则列名应是"表名.列名"的形式。

(2)列表达式可以使用 SQL 提供的库函数形成表达式,常用的函数如下:

- COUNT(*):统计记录条数。
- COUNT(列名):统计一列值的个数。
- SUM(列名):计算某一数值型列的值的总和。
- AVG(列名):计算某一数值型列的值的平均值。
- MAX(列名):计算某一数值型列的值的最大值。
- MIN(列名):计算某一数值型列的值的最小值。

(3)DISTINCT 参数:表示在结果集中,查询出的内容相同的记录只留下一条。

3.4.2　单表查询

单表查询是指仅涉及一个表的查询。

1. 选择表中的列

【例 3.11】选择 lib_reader 表中的所有列，如图 3-27 所示。

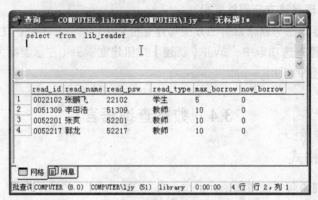

图 3-27　选择 lib_reader 表中的所有列

【例 3.12】选择 lib_reader 表中的 read_id、read_name、read_type 列，如图 3-28 所示。

【例 3.13】选择 lib_reader 中所有 read_type 的名称，去掉重复行，如图 3-29 所示。

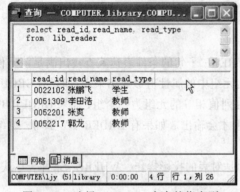

图 3-28　选择 lib_reader 表中的指定列

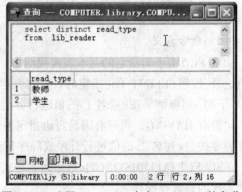

图 3-29　选择 lib_reader 表中 read_type 的名称

2. 选择表中的记录

选择表中的记录是通过 WHERE 子句实现的。

【例 3.14】选择 lib_reader 表中所有教师读者，如图 3-30 所示。

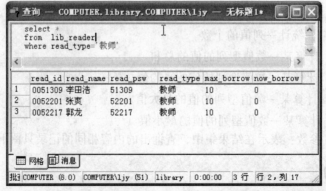

图 3-30　选择 lib_reader 表中所有教师读者

3．条件表达式的构成

在进行表中记录的选择时，WHERE 子句后的条件表达式中经常涉及表 3-6 中所列出的各种查询条件，对这些查询条件中的运算符的使用方法应当灵活掌握。具体运算符使用见下面实例。

表 3-6　常用的运算符

查 询 条 件	运　算　符	说　明
比较	= , > , < , >= , <= , <>	字符串比较从左向右进行
确定范围	BETWEEN AND，NOT BETWEEN AND	BETWEEN 后是下限，AND 后是上限
确定集合	IN，NOT IN	检查一个属性值是否属于集合中的值
字符匹配	LIKE，NOT LIKE	用于构造条件表达式中的字符匹配
空值	IS NULL，IS NOT NULL	当属性值内容为空时，要用此运算符
逻辑运算	AND，OR，NOT	用于构造复合表达式

【例 3.15】查询所有现借书数量少于最大数量的读者的编码和姓名。

```
SELECT read_id,read_name
FROM lib_reader
WHERE now_borrow<max_borrow;
```

【例 3.16】查询价格在 20～30 之间的图书的名称和作者。

```
SELECT book_name,book_author
FROM lib_book
WHERE book_price BETWEEN 20 AND 30
```

【例 3.17】查询价格不在 20～30 之间的图书名称和作者。

```
SELECT book_name,book_author
FROM lib_book
WHERE book_price NOT BETWEEN 20 AND 30
```

【例 3.18】查询"教师"读者的编号、姓名、还能借书数量，如图 3-31 所示。

【例 3.19】查询所有姓"张"的读者信息，如图 3-32 所示。

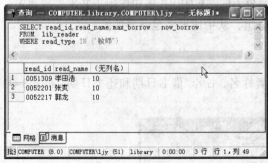
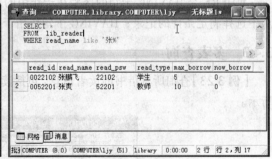

图 3-31　选择 lib_reader 表所有"教师"读者，　　图 3-32　查询所有姓"张"的读者
　　　　　　并计算还能借书的数量

此例中，使用了谓词 LIKE。在使用时，应注意下面几点：

● LIKE 前的列名必须是字符串类型。

● 可以使用通配符：_（下画线）表示任一单个字符；%（百分号）表示任意长度字符。

4．查询中集函数的使用

为了增强检索功能，SQL 提供了如表 3-7 所示的集函数，这些函数可以方便地计算出所需数据。

表 3-7　SQL 语句中的集函数

函　数　名　称	函　数　功　能
COUNT([DISTINCT|ALL] *)	统计元组个数
COUNT([DISTINCT|ALL]<列名>)	统计一列重值的个数
SUM([DISTINCT|ALL]<列名>)	计算数值型一列值的总和
AVG([DISTINCT|ALL]<列名>)	求一列值的平均值
MAX([DISTINCT|ALL]<列名>)	求一列值的最大值
MIN([DISTINCT|ALL]<列名>)	求一列值的最小值

【例 3.20】查询读者总人数。

```
SELECT COUNT(*)
FROM lib_reader;
```

【例 3.21】计算教师读者的平均借书数量。

```
SELECT AVG(now_borrow)
FROM lib_reader
WHERE read_type='教师';
```

5. 查询结果的分组与排序

GROUP BY 子句将查询结果表按某一列或多列值分组，值相等的为一组。分组的目的是为了将集函数的作用对象细化，分组后集函数将作用在每一个组上，也就是说每个组都有一个函数值。

【例 3.22】查询总借书数量在 10 本以上的读者的读者编号，并且将查询结果按照升序排列。

```
SELECT read_id
FROM lib_borrow
GROUP BY read_id
HAVING COUNT(*)>10
ORDER BY read_id ASC;
```

本例中用 GROUP BY 子句将 read_id 分组，再用集函数 COUNT 对每一组计数。HAVING 子句指定选择组的条件。执行此命令后，只有满足条件（read_id 读者编号相同的记录有 10 条以上）的组才会被选出来。

WHERE 与 HAVING 子句的区别在于作用的对象不同。WHERE 子句作用于基本表或视图，从中选择满足条件的记录；HAVING 子句作用于分组，从中选出满足条件的组。

3.4.3　多表查询

【例 3.23】查询所有借书的读者信息，包括读者姓名、书名、借书日期和还书日期，如图 3-33 所示。

图 3-33　多表联合查询图示

本例中涉及 3 个基本表，在查询命令中，WHERE 子句后边所跟的部分称为连接条件。由于查询中涉及的 3 个表是依靠"读者编号"（read_id）、"图书编号（book_id）"关联在一起的，所以在 WHERE 子句的后边使用并列的查询条件"与（AND）"来实现多个表的数据查询。

3.4.4 嵌套查询

在 SQL 语言中，一个 SELECT…FROM…HERE 语句组成一个查询块。将一个查询块嵌套在另一个查询块的 WHERE 子句（或 HAVING 子句）的条件中的查询称为嵌套查询。处于内层的查询称为子查询。在执行嵌套查询命令时，每个子查询在上一级查询处理之前求解，即由里向外查，先由子查询得到一组值的集合，外查询再从这个集合中得到新的查询条件的结果集。

【例 3.24】查询借阅过图书"大学英语"的读者的姓名，如图 3-34 所示。

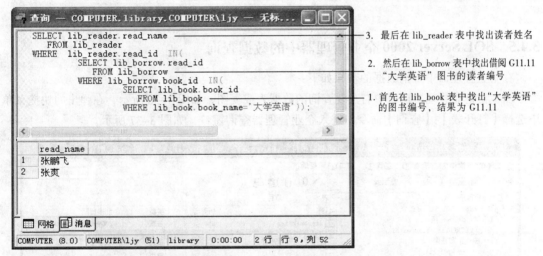

图 3-34 嵌套查询图示

在一些嵌套查询中，WHERE 之后可以使用 ANY 和 ALL 这两个谓词，ANY 表示子查询结果中的某个值，而 ALL 表示子查询结果中的所有值。这两个词和关系运算符构成各种查询范围，灵活运用可以简化查询条件。

ANY 和 ALL 的具体语义如表 3-8 所示。

表 3-8 ANY 和 ALL 谓词语义

谓词形式	语　义	谓词形式	语　义
>ANY	大于子查询结果中的某个值	<ANY	小于子查询结果中的某个值
>ALL	大于子查询结果中的所有值	<ALL	小于子查询结果中的所有值
> = ANY	大于等于子查询结果中的某个值	< = ANY	小于等于子查询结果中的某个值
> = ALL	大于等于子查询结果中的所有值	< = ALL	小于等于子查询结果中的所有值
= ALL	等于子查询结果中的所有值	=ANY	等于子查询结果中的某个值
!= （或<>） ALL	不等于子查询结果中的所有值	!= （或<>） ANY	不等于子查询结果中的某个值

【例 3.25】查询所有过期书（超过 30 天）的读者姓名，如图 3-35 所示。

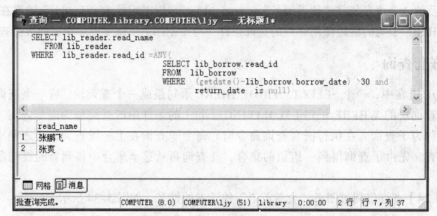

图 3-35 ANY 谓词查询图示

3.4.5 SQL Server 2000 企业管理器中的数据查询

在企业管理器中查询数据的步骤如下：

（1）在企业管理器窗口中右击要查询的数据表或视图，如图 3-36 所示，在弹出的快捷菜单中选择【打开表】|【查询】命令，进入企业管理器查询窗口，如图 3-37 所示。

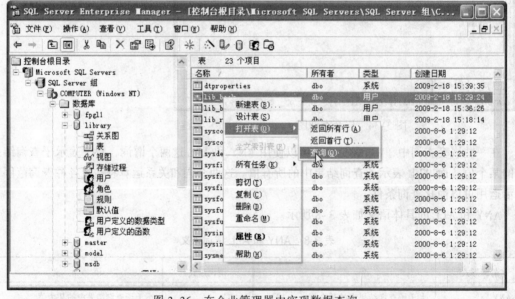

图 3-36 在企业管理器中实现数据查询

（2）如果查询涉及多个表，可以在查询窗口空白处右击，在弹出的快捷菜单中选择【添加表】命令，选择所需要的表或视图。

（3）按照图 3-34 所示选择在查询中涉及的列、设置在查询结果中输出的列、设置排序依据的列及排序顺序、设置查询条件，单击【使用 GROUP BY】按钮可以添加分组。

（4）单击【运行】按钮，或在空白处右击，在弹出的快捷菜单中选择【运行】命令，即可运行所生成的查询，并显示查询结果。

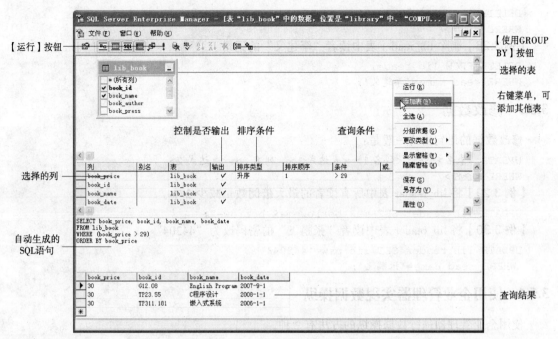

图 3-37 企业管理器查询窗口

3.5 数据操纵语言

数据操纵是指对关系中的具体数据进行插入、删除、修改等操作。

3.5.1 插入数据

向基本表中插入数据命令是通过向具体的记录插入常量数据得到的。插入记录的语句格式为：

```
INSERT INTO <表名> [(<列名 1>,<列名 2>,…)]
VALUES(<值 1>,<值 2>,<…>,…)
```

当对所有列赋值时，列名可以省略，但若只对部分列赋值时，列名不能省略，且列名顺序与值的顺序要一一对应。

【例 3.26】向读者基本信息表（lib_reader）中插入一条记录。

```
INSERT INTO lib_reader VALUES('0055510','李建义','55510','教师',10,0);
```

【例 3.27】向图书表（lib_book）中插入一条记录。

```
INSERT INTO lib_book VALUES('TP311.181','嵌入式系统','马文华','科学出版社',
'2006- 1-1',30,'no')
```

或只对部分列赋值

```
INSERT INTO lib_book(book_id,book_name,book_author,book_press)
VALUES('TP311.182','嵌入式系统','马文华','科学出版社');
```

3.5.2 删除数据

删除命令比较简单，删除是对记录操作，不能删除记录的部分属性。一次可以删除一条或若干条记录，甚至将整个表的内容删空，只保留表的结构定义。删除命令格式为：

```
DELETE FROM  <表名>
WHERE <条件>
```

【例 3.28】删除 lib_reader 表中读者"李建义"的记录。

```
DELETE FROM lib_reader
WHERE read_name='李建义';
```

3.5.3 修改数据

修改数据的语句格式一般是:

```
UPDATE <表名> SET <列名 1>=<表达式 1> <列名 2>=<表达式 2> …
WHERE <条件>
```

【例 3.29】将 lib_reader 表中所有读者的最大借阅数量减少 2 本。

```
UPDATE lib_reader SET max_borrow=max_borrow-2;
```

【例 3.30】将 lib_reader 表中读者"张鹏飞"的密码改为"44204"。

```
UPDATE lib_reader SET lib_psw='44204'
 WHERE read_name='张鹏飞';
```

3.5.4 使用企业管理器实现数据操纵

使用企业管理器进行数据操纵的方法有 2 种。

1. 在数据浏览窗口进行数据操纵

在企业管理器中,找到要操作的数据表右击,在弹出的快捷菜单中依次选择【打开表】|【返回所有行】命令,即打开数据浏览窗口,如图 3-38 所示。

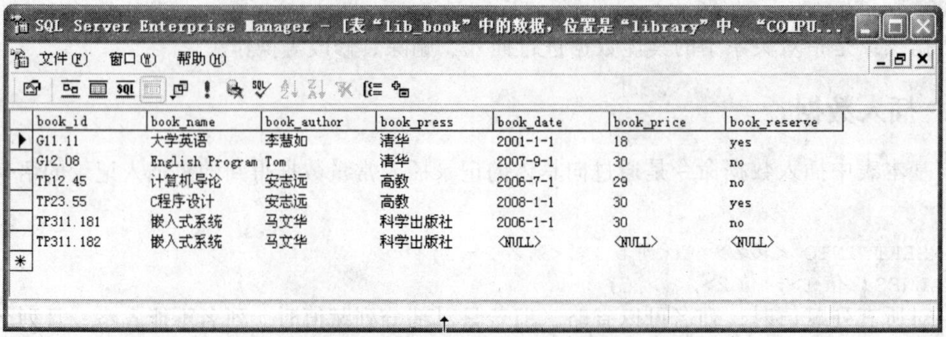

图 3-38 lib_book 表的数据浏览窗口

要删除数据,只需将光标放在相应行,按键盘上的【Delete】键即可。

要插入数据,只需将光标移到最后一行下面的空白处,直接输入新的数据即可。

要修改数据,只需将光标移到要修改的位置,直接修改数据即可。

数据操作完成后关闭窗口即可保存数据。

2. 在数据查询窗口进行数据操纵

在企业管理器中使用图 3-36 所示的方法进入数据查询窗口,在数据查询窗口中右击,在弹出的快捷菜单中选择【更改类型】|【插入到】命令,切换为插入界面,如图 3-39 所示。

选择数据列,并输出对应的列的值,单击【运行】按钮!即可实现数据插入。

如果在数据查询窗口中右击,在弹出的快捷菜单中选择【更改类型】|【更新】命令,则进入修改界面,如图 3-40 所示,图中所作修改是将作者"李建义"的图书的价格增加 2 元钱。

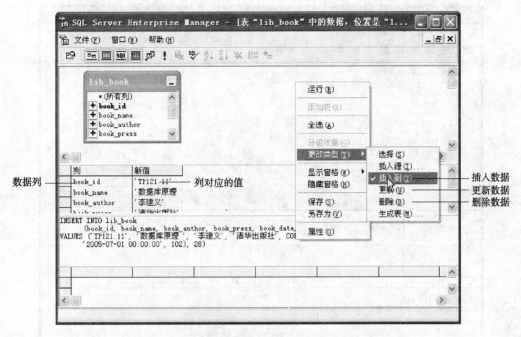

图 3-39　在数据查询窗口进行数据插入

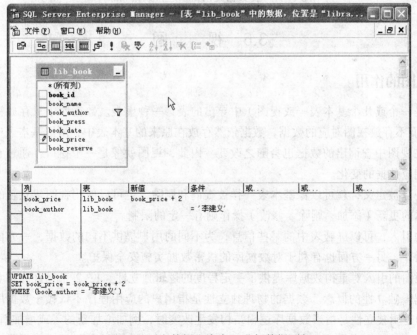

图 3-40　在数据查询窗口进行数据更新

　　如果在数据查询窗口中右击，在弹出的快捷菜单中选择【更改类型】|【删除】命令，则进入删除界面，如图 3-41 所示。只需设置删除条件，图中结果是删除作者为"李建义"且出版社是"清华"的所有图书。

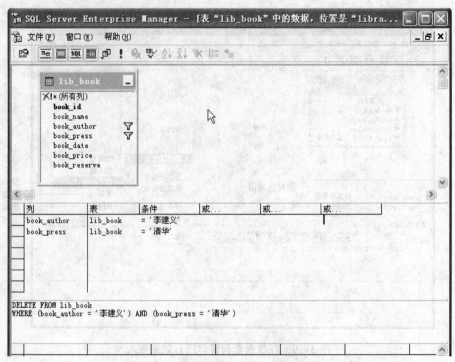

图 3-41 在数据查询窗口进行数据删除

3.6 视 图

3.6.1 视图的作用

视图是一个或几个基本表（或视图）中导出的表，一种虚表。数据库中只存放视图的定义（结构），而不存放视图对应的数据，数据依然存放在原来的基本表中，所以基本表中的数据发生变化，在视图中查询出的数据也会随之改变。因此，视图就像是一个窗口，通过它可以看到数据库中相应数据的变化。

视图一旦被定义，就可以像基本表一样被查询和删除，也可以使用视图建立新的视图，但对视图数据的更新（添加、删除、修改）操作则有一定的限制。

视图的引入，可以屏蔽表中的某些信息，为不同的用户提供不同的数据，一方面有利于简化用户的操作，另一方面也有利于对数据库的机密数据实施安全保护。

同时视图的引入对重构数据库提供了一定程度的逻辑独立性。1.3.2 节已经介绍了数据物理独立性和逻辑独立性的概念。数据的物理独立性是指用户的应用程序不依赖于数据库的物理结构。数据的逻辑独立性是指当数据库逻辑结构发生改变时，例如增加新的表或增加新的字段等，用户的应用程序不会受影响。引入视图后，当数据库结构改变时，如果用户应用程序是基于视图的操作，那么可以用建立新的视图的方法使用户程序保持不变，仍能查询库中的数据。但是视图只能在一定程度上实现数据的逻辑独立性，比如对于视图的更新是有条件的，因此应用程序中修改数据的语句可能仍会因基本表结构的改变而改变。

基于以上视图的特点和作用，使得视图在数据库设计中使用很广泛。下面介绍视图的一些基本操作。

3.6.2 视图的创建和撤销

1. 视图的创建

创建视图的语句格式：

```
CREATE VIEW <视图名>[(<列名 1>,<列名 2>,…)]
AS <查询子句>
[WITH CHECK OPTION];
```

WITH CHECK OPTION 子句是为了防止用户通过视图对数据进行添加、删除、修改时，对不属于视图范围内的基本表数据进行误操作。加上该子句后，当对视图上的数据进行添加、删除、修改时，DBMS 会检查视图中定义的条件，若不满足，则拒绝执行。

【例 3.31】创建所有教师读者的信息（编号、姓名）视图，程序如图 3-42 所示。

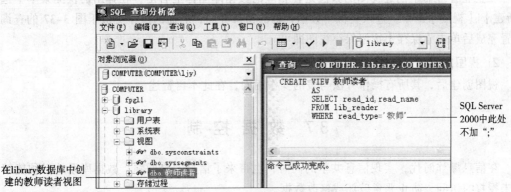

图 3-42 创建教师读者视图

2. 删除视图

删除视图语句格式：

```
DROP VIEW <视图名>;
```

【例 3.32】删除例 3.31 创建的视图"教师读者"。

```
DROP VIEW 教师读者;
```

3.6.3 视图数据操作

1. 查询视图

当视图被定义之后，就可以像对基本表一样对视图进行查询了。

【例 3.33】查询"教师读者"视图中姓"张"的读者，如图 3-43 所示。

图 3-43 查询"教师读者"视图中的姓"张"的读者

2. 更新视图

更新视图是指通过视图插入（INSERT）、删除（DELETE）和修改（UPDATE）数据。由于视图是不实际存储数据的虚表，因此对视图的更新，最终是通过转换为对基本表的更新进行的。

【例 3.34】将读者编号为 0052201 的读者姓名改为"李爽"。

```
UPDATE 教师读者
SET read_name='李爽'
WHERE read_id='0052201';
```

3.6.4 企业管理器中视图的操作

1. 创建视图

在企业管理器中创建视图的方法是在相应的数据库图标上右击，在弹出的快捷菜单中选择【新建】|【视图】命令，进入类似于数据查询的窗口界面，后面的操作类似于图 3-37 的查询，设置完成后单击【保存】按钮保存视图即可。

2. 视图的操作

视图创建后，其所有操作方法与表的操作相同，在此不再赘述。

3.7　数 据 控 制

在信息爆炸时代，实现信息共享的同时，也带来了信息安全问题。数据库系统必须能够防止未授权的访问，防止恶意破坏或修改数据。

在数据库系统中实现安全性除了通过物理方法对数据库进行加密等方法外，主要是通过授予和检验权限的手段。SQL 有授权语句，通过该语句可以实现对数据库的使用控制。

3.7.1 授权

SQL 语句通过 GRANT 语句向用户授予操作权限，GRANT 语句的格式为：

```
GRANT <权限> [,<权限>]…
      [ON <对象类型><对象名>]
      TO <用户>[,<用户>]…
      [WITH GRANT OPTION];
```

> **说　明**
>
> 此授权语句是指：将某作用在指定操作对象上的操作权限授予指定的用户。表 3-9 列出此命令操作的对象类型和操作权限。

表 3-9　不同对象类型允许的操作权限

对象名	对象类型	操　作　权　限
属性列	TABLE	SELECT, INSERT, UPDATE, DELETE, ALL PRIVILEGERS
视图	TABLE	SELECT, INSERT, UPDATE, DELETE, ALL PRIVILEGERS
基本表	TABLE	SELECT, INSERT, UPDATE, DELETE, ALTER, INDEX, ALL PRIVILEGERS（所有权限）
数据库	DATABASE	CREATETAB（建表权限）

如果指定 WITH GRANT OPTION 子句，则获得某种权限的用户可以把这种权限再授予其他用户。如没有指定该子句，获得授权的用户将不能传播权限。

【例 3.35】将查询 lib_reader 表的权限授予用户 sa。

```
GRANT SELECT ON TABLE lib_reader TO sa;
```

【例 3.36】将在 lib_reader 表上进行 UPDATE 的权限授予用户 s1，并允许他传播该权限。

```
GRANT UPDATE ON TABLE lib_reader TO s1 WITH GRANT OPTION;
```

s1 获得该权限后，他可以再将此权限授予 s2。

```
GRANT UPDATE ON TABLE lib_reader TO s2;
```

【例 3.37】DBA 将在数据库 library 中创建基本表的权限授予 s3。

```
GRANT CREATTAB ON DATABASE library TO s3;
```

3.7.2 回收权限

SQL 语句通过 REVOKE 语句向用户授予操作权限，REVOKE 语句的格式为：

```
REVOKE <权限> [,<权限>]…
     [ON <对象类型><对象名>]
     FROM <用户>[,<用户>]…;
```

> **说　明**
>
> 当涉及多个用户传播权限时，收回上级用户某权限的同时也收回所有下级的该权限。

【例 3.38】将用户 sa 查询 lib_reader 表的权限收回。

```
REVOKE SELECT ON TABLE lib_reader FROM sa;
```

【例 3.39】将用户 s2 更新 lib_reader 表的权限收回，同时 s2 的更新权也被收回。

```
REVOKE UPDATE ON TABLE lib_reader FROM s2;
```

本 章 小 结

本章结合 SQL Server 2000 的 SQL 查询分析器，介绍了关系数据库的标准语言——结构化查询语言。以图书借阅管理的数据模型为基础，通过实例讲解了 SQL 语言的用法。

SQL 语言包括定义、查询、操纵和控制 4 方面功能。本章分别介绍了 SQL 语言中实现这些功能的语句，同时给出了这些语句在 SQL Server 的 SQL 查询分析器中执行的图示，并且结合 SQL 语句介绍了 SQL Server 2000 中对应的使用企业管理器的菜单操作方法。

视图是通过查询表达式定义的"虚关系"。本章介绍了视图的定义和使用以及用 SQL 语言实现视图的更新。

课 后 练 习

1. 简述 SQL 语言的特点和功能。
2. 叙述基本表和视图的概念并指出两者的区别和联系。
3. 解释本章涉及的一些基本概念：基本表、视图、索引、外部键，并说明视图和索引的作用。
4. SQL 的数据操纵语句有哪些？

5. 用 SQL 语句创建立表 1：学生基本情况表，表 2：课程表，表 3：教师表，表 4：学生选课表。

表 1 学生基本情况表（jbqk）

number	name	sex	birthday	department
0022102	王雪莲	女	1981-3-5	电子系
0051309	白亚春	男	1983-9-5	计算机系
0052201	陈韬	男	1981-5-6	计算机系
0052217	袁更旭	男	1980-6-5	计算机系

表 2 课程表（course）

c_number	c_name	period	t_number
C501	数据库技术	60	T505
C502	操作系统	68	T508
C503	C 语言	60	T505
C504	编译技术	56	T506

表 3 教师表（teacher）

t_number	t_name	title
T505	安志远	教授
T508	崔玉宝	讲师
T506	李建义	副教授

表 4 学生选课表（sle_course）

number	c_number	score
0052201	C501	90
0052201	C502	85
0052201	C503	56
0051309	C501	95
0051309	C502	88
0051309	C504	85

6. 针对上题所建立的 4 个表试用 SQL 语言查询下列问题：

（1）"计算机"系 1981-1-1 以后出生的学生的姓名和性别。

（2）选修"数据库技术"课程的学生的姓名和所在系。

（3）职称为"讲师"的教师所开设课程的名称。

（4）"李建义"老师所开设的课程名称。

（5）选修"安志远"老师所开设课程的学生的姓名和性别。

（6）没有选修"编译技术"课程的学生的姓名。

（7）没有选修任何一门课程的学生的姓名和所在系别。

（8）"数据库技术"比"操作系统"课程成绩高的学生姓名。

（9）没有选修"崔玉宝"老师所开设课程的学生人数。

（10）"数据库技术"课程得分最高的学生的姓名、性别和所在系。

（11）所选课程成绩都在 80 分以上的学生的学号和姓名。

（12）大于等于 60 学时的课程的任课教师的姓名和职称。

（13）大于等于 60 学时并且由讲师开设的课程名称。

（14）没有不及格课程的学生的人数。

（15）将"安志远"老师所开设的课程学生的成绩增加 5 分。

（16）求出所有选修"操作系统"的学生的平均成绩。

7. 把查询"教师表"和修改学生学号及所在系的权限授予用户 U1。

第4章

SQL Server 的 T-SQL 语言

本章要点

在第 3 章中介绍的 SQL 是关系型数据库系统的标准语言，标准的 SQL 语言几乎可以不加修改的在所有的关系型数据库系统中使用，但是标准的 SQL 语言不支持流程控制，只有一些简单的语句，使用起来有时不方便。因此，很多大型数据库系统都在标准 SQL 语言的基础上进行了扩展，例如 SQL Server 2000 的 T-SQL、Oracle9i 的 PL/SQL 等。T-SQL，即事务 SQL（Transact-SQL）是 SQL Server 2000 在标准 SQL 语言的基础之上扩充的结构化编程语言，在数据库系统管理、复杂查询和应用系统开发中都被广泛使用。针对标准 SQL，T-SQL 在存储过程、触发器、附加的游标功能、完整性增强、用户定义和系统数据类型、错误处理命令、流程控制语句、默认与规则、附加的内置函数等方面做了扩充和增强。T-SQL 程序设计，是使用 SQL Server 2000 的主要形式。

在本章的学习中，应重点掌握以下内容：

- 使用 T-SQL 进行编程
- 熟练使用游标和存储过程
- 熟练进行触发器设置

4.1 T-SQL 的数据类型

数据类型用于表中的列、过程参数和局部变量指定类型、大小和存储形式。SQL Server 中的数据类型分为两类：系统数据类型和用户自定义类型。

4.1.1 系统数据类型

SQL Server 2000 提供的系统数据类型如表 4-1 所示。

表 4-1 系统数据类型

类　　型		占用字节数	数值范围	示例或备注
整型	tinyint	1	0～255	125
	smallint	2	−32 768～32 767	32 123
	int	4	−2 147 838 648～2 147 838 647	654 446

续表

类 型		占用字节数	数值范围	示例或备注
小数	numeric(*p*,*s*)	2～17	–1 038～1 038	*p* 为数据宽度 *s* 为小数位数 5.178
	decimal(*p*,*s*)	2～17	–1 038～1 038	
浮点数	float	4	与硬件相关	12.345
	real	4	与硬件相关	
日期时间	samlldatetime	4	1/1/1900～6/6/2079	3-28-2000
	datetime	8	1/1/1753～12/31/9999	
字符型	char(*n*)	*n*	≤255B	
	varchar(*n*)	输入的长度	≤255B	
	nchar(*n*)	*n*	≤255B	用于多字节字符集，如汉字
	nvarchar(*n*)	输入的长度	≤255B	
	text(*n*)	0～2K 倍数	≤2 147 483 647	
货币	smallmoney	4	–214 748.364 8～214 748.364 7	
	money	8	–922 337 203 685 477.589 8～ 922 337 203 685 477.589 7	
二进制位	binary(*n*)	*n*	≤255	0xb12e
	varbinary(*n*)	输入的长度	≤255	
	image	0～2K 倍数	≤2 147 483 647	存储图像
	bit	1	0 或 1	0

4.1.2　用户自定义类型

SQL Server 允许利用系统数据类型来定义自己的数据类型。方法是利用系统存储过程 sp_addtype、sp_droptype 和 sp_help 可以创建、删除、查看用户定义类型。

1. sp_addtype

sp_addtype 语法如下：

```
sp_addtype '类型名','系统数据类型名','属性'
```
其中各参数如果不含空格、"（ ）"或"."时，可以不加单引号。

属性有 3 种选择：

- NULL　允许该列为空值，即用户可以不输入数据。
- NOT NULL　不允许该列为空值，即用户必须输入有效数据。
- IDENTITY　制定该列为标识列，即不允许用户对该列进行添加、删除、修改。

每张表只能设置一个标识列，只能为数值类型，且小数部分为 0，不能为空。当某列被设置成标识列时，向表中插入数据，系统将按照递增顺序，为该列自动产生并插入数值，用户可以为其设置一个初值。

IDENTITY 初值的设定，可以在创建表的列定义时进行（如图 4-1 所示），也可以用如下命令开启或关闭选项"identity_insert"，用来决定是否允许或禁止初值的修改：

```
SET identity_insert 表名 ON/OFF
```
其中，ON 表示可以修改初值，OFF 表示禁止修改初值。

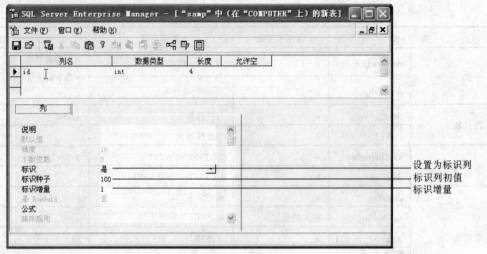

图 4-1　IDENTITY 初值的设定

【例 4.1】用户自定义类型举例。

```
Exec  sp_addtype  user_demo,text,NULL
Exec  sp_addtype  user_sex,'char(2)','NOT NULL'
```

说　明

执行存储过程时，应加 "EXEC"，除非存储过程是一段执行程序的第一条语句。

用户数据类型一旦定义，就可以像系统数据类型一样的使用了。

2. sp_droptype

用户自定义的数据类型，如果不再使用，可用 sp_droptype 将其删除。该存储过程的语法定义如下：

```
sp_droptype '类型名'
```

【例 4.2】删除例 4-1 中定义的数据类型 user_sex。

```
sp_droptype 'user_sex'
```

3. sp_help

利用 sp_help 可以查看某个自定义类型的创建过程，其语法如下：

```
sp_help '类型名'
```

【例 4.3】查看自定义类型 user_demo 的创建过程。

命令和执行结果如图 4-2 所示。

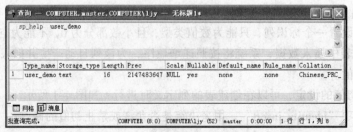

图 4-2　sp_help 命令执行结果

4.2 T-SQL 编程

4.2.1 T-SQL 中的批处理

批处理是指将若干条命令看做一个整体（事务）执行，在 T-SQL 中批处理命令后用一个 GO 命令提交给服务器。如果一个批处理中所有命令都成功，则返回结果给客户机，如果批处理中任意语句出错，则批处理中的所有动作"回退"，即批处理的执行是具有事务性的，一个批处理中的语句要么都执行，要么都不执行。

因此，批处理是 T-SQL 程序中两个"GO"之间的语句，一个 T-SQL 程序中可以包含多个批处理。

【例 4.4】使用批处理完成多项数据操作

```
--第一个批处理，将 library 数据库设置为当前数据库
USE library
GO
/*GO 是批处理结束标志
--第二个批处理查询 lib_book 和 lib_reader 中的所有数据
SELECT * FROM lib_book;
SELECT * FROM lib_reader;
GO
```

说 明

GO 语句本身并不是 T-SQL 语句的组成部分，它只是一个批处理结束的标志。

4.2.2 变量

变量是程序设计语言中必不可少的组成部分，用于在程序中传递数据。在 SQL Server 中有两种变量：局部变量和全局变量。

1. 局部变量

局部变量是用户可自定义的变量，其命名规则同标识符的命名规则，不区分大小写。它的作用范围仅在其声明的批处理、存储过程或触发器中。局部变量必须以@开头，且必须先用 DECLARE 命令说明后才可使用。

（1）局部变量的定义

局部变量定义的语法如下：

```
DECLARE  @变量名  数据类型  [,@变量名   数据类型,......]
```

其中数据类型可以是 SQL Server 2000 支持的所有数据类型。

【例 4.5】局部变量定义示例

```
DECLARE  @id varchar(50), @number  int
```

变量一旦定义，系统自动赋值为空值。

（2）局部变量的赋值

SQL Server 中对局部变量赋值只能用 SET 命令或 SELECT 命令。其语法格式为：

```
SET  @变量名=变量值
```

或

```
SELECT  @变量名=变量值
```
其中变量值可以是一个常数值，也可以是从表中取出的值，只要数据类型一致，如果从表中返回的是多个值，则取最后一个值赋给变量。

说　明

一次只能为一个变量赋值。

【例 4.6】局部变量赋值示例。
```
SELECT  @id='100010102'
SELECT  @id=read_id FROM lib_reader WHERE  lib_reader ='100010102'
```
（3）查看变量的值

方法如下：
```
SELECT  @变量名
```
【例 4.7】局部变量使用综合示例。

设置变量 id，name，number，从表 lib_reader 中取值并显示。命令序列及执行结果如图 4-3 所示。

```
DECLARE  @id  varchar(50),@name  varchar(50),@number  int
SELECT  @id='0022102'
SELECT  @name=read_name, @number=max_borrow FROM lib_reader  WHERE  read_id=@id
SELECT  @id
SELECT  @name
SELECT  @number
```

	（无列名）
1	0022102

	（无列名）
1	张鹏飞

	（无列名）
1	5

图 4-3　局部变量综合应用示例

2. 全局变量

全局变量用"@@变量名"表示，由系统定义，用于表示系统运行过程中的运行状态，用户只能引用，不能修改和定义。

常用的全局变量有：

@@error　返回最后一个语句产生的错误码。

@@rowcount　返回最后一个语句执行后影响的行数。

@@version　SQL Server 的版本号。

@@trancount　事务嵌套级计数。

@@transtate　一个语句执行后事务的当前状态。

3. 注释符

在 T-SQL 中提供两种注释方式。

（1）/*……*/：用于多行注释，与 C++中的多行注释相同。

（2）--：用于单行注释，类似于 C++中的"//"。

4.2.3 流程控制语句

T-SQL 像其他设计语言一样，也扩充了自己的流程控制语句，使之成为功能强大的编程语言。常用的几种流程控制语句如下：

1．BEGIN…END

语法格式：

```
BEGIN
   <程序语句块>
END
```

语句说明：设定一个程序块，将在 BEGIN…END 中间的所有程序看做一个单元执行，经常在分支和循环语句中使用。

2．IF…ELSE

语法格式：

```
IF <条件表达式>
     <命令行或程序块 1>
[ELSE
<命令行或程序块 2>]
```

语句说明：<条件表达式>可以是各种表达式的组合，但表达式的值必须是逻辑值"真"或"假"。ELSE 部分是可选的。其作用是条件表达式为"真"时执行<命令行或程序块 1>，为"假"时执行<命令行或程序块 2>，IF…ELSE 可以嵌套，最多可以嵌套 32 级。

【例 4.8】从读者表中查询借阅证号为"0022102"的读者的现借书数量，如果已经与最大数量相同，则输出"借书证已满，不能再借！"。

```
DECLARE @number int
SELECT @number=max_borrow FROM lib_reader  WHERE read_id='0022102'
IF (SELECT now_borrow FROM lib_reader  WHERE read_id='0022102')=@number
BEGIN
PRINT '借书证已满,不能再借! '
END
```

3．IF [NOT] EXISTS

语法格式：

```
IF [NOT] EXISTS(SELECT 子查询)
   <命令行或程序块 1>
[ELSE
   <命令行或程序块 2>]
```

语句说明：该语句用于检测数据是否存在，如果 EXISTS 后面 SELECT 子查询的结果不为空，即检测到有数据存在时，就执行程序块 1，否则执行程序块 2。当有 NOT 时，功能正好相反。

【例 4.9】从借阅表中读取读者"0052217"的所有记录，如果存在，则输出"该读者借过书！"，否则输出"该读者从未借过书！"。

```
USE library
GO
IF EXISTS(SELECT * FROM lib_borrow WHERE read_id='0052217')
    PRINT'该读者借过书! '
ELSE
```

```
    PRINT'该读者从未借过书!'
GO
```

4. CASE

该语句有两种格式。

格式1:

```
CASE <表达式>
    WHEN <表达式>THEN <表达式>
    ...
    WHEN <表达式>THEN <表达式>
    [ELSE <表达式>]
END
```

语句说明:将 CASE 后面表达式的值和各 WHEN 后面的表达式的值进行比较,如果相等,则返回 THEN 后面表达式的值,然后跳出 CASE 语句,若所有 WHEN 后面找不到相等的表达式,则返回 ELSE 后面表达式的值。

格式2:

```
CASE
    WHEN <表达式>THEN <表达式>
    ...
    WHEN <表达式>THEN <表达式>
    [ELSE <表达式>]
END
```

语句说明:首先测试第一个 WHEN 后面表达式的值,如果其值为"真",则返回 THEN 后面表达式的值;否则测试下一个表达式的值。如果所有 WHEN 后面表达式的值为"假",则返回 ELSE 后面表达式的值。

【例 4.10】从读者表中查询 read_id、read_type,如果 read_type 是"教师",输出"Teacher",如果 read_type 是"学生",输出"Student"。

```
SELECT read_id,read_type=
                CASE  read_type
                  WHEN '教师' THEN 'Teacher'
                    WHEN '学生'THEN 'Student'
                END
FROM lib_reader
```

5. WHILE...CONTINUE/BREAK

语法格式:

```
WHILE <条件表达式>
BEGIN
<命令行或程序块>
[BREAK]
[CONTINUE]
[命令行或程序块]
END
```

语句说明:当<条件表达式>为"真"时反复执行 BEGIN 和 END 之间的程序块。当执行到 BREAK 语句时,程序跳出 WHILE 循环,执行 END 后面的语句;当程序执行到 CONTINUE 语句时,结束本次循环的执行,重新判断条件表达式,继续下一次循环的执行。

【例 4.11】循环语句示例：检查图书的平均价格，如果低于 30 元，则每本图书的价格增加 1
元，直到平均价格不少于 30 元或图书的最高价格高于 40 元。程序如下：

```
WHILE (SELECT   AVG(book_price) FROM lib_book)<30
    BEGIN
        UPDATE  lib_book  SET book_price=book_price+1
        IF (SELECT MAX(book_price)  FROM lib_book)>40
            BREAK
    END
SELECT book_id,book_price FROM lib_book
```

6. WAITFOR

语法格式：

```
WAITFOR {DELAY 时间|TIME 时间|ERROREXIT|PROCESSEXIT|MIRROREXIT}
```

该命令用来暂时中止程序执行，直到所设定的等待时间已过或所设定的时间已到才继续往
下执行。其中"时间"是 DATETIME 类型的时间，但不能包含日期。

各关键字含义如下：

（1）DELAY：用来设置等待的时间，最多可达 24 小时。

（2）TIME：用来设置等待结束的时间点。

（3）ERROREXIT：直到处理非正常中断。

（4）PROCESSEXIT：直到处理正常或非正常中断。

（5）MIRROREXIT：直到镜像设备失败。

【例 4.12】等待 2 小时 5 分零 3 秒后才开始执行 SELECT 语句。

```
WAITFOR DELAY '02:05:03'
SELECT *FROM lib_reader
```

【例 4.13】指定在 23:50:00 执行查询语句

```
WAITFOR TIME '23:50:00'
SELECT *FROM lib_reader
```

7. GOTO

语法格式：

```
GOTO 标识符
```

语句说明：该命令用来改变程序的流程，使程序跳到标识符指定的程序行然后再继续向下
执行。作为跳转目标的标识符必须以"："结尾。在 GOTO 后面的标识符不必有"："。

【例 4.14】计算 1+2+3+…+100。

```
DECLARE @sum  int,@i int
SET @i=1
SET @sum=0
CIRCLE:  //定义跳转位置
IF(@i<=100)
    BEGIN
    SET @sum=@sum+@i
    SET @i=@i+1
    GOTO CIRCLE
    END
PRINT @sum
```

8. PRINT

语法格式：

```
PRINT   {'字符串'|局部变量|全局变量}[,参数表]
```

语句说明：该命令向客户端返回一个字符串信息，如果变量不是字符串类型，则需用 CONVERT 函数将其转换为字符串。

PRINT 命令的用法有如下 3 种：

（1）直接输出一个字符串，如 PRINT'HELLO!'。

（2）直接输出一个变量的值，如 PRINT @name。

（3）带参数进行格式化输出，格式如下：

```
PRINT'…%1!…%2!…',@参数1,@参数2,…
```

其含义是将参数 1、参数 2 分别在%1!、%2! 位置输出。

【例 4.15】带参数 PRINT 使用示例。

```
DECLARE @sum_price  money,@book_count smallint
SELECT @sum_price= SUM(book_price) FROM lib_book
SELECT @ book_count =COUNT(*)FROM lib_book
PRINT '当前图书馆公有藏书%1! 本,总价值%2! 元',@book_count,@ sum_price
```

9. USE

语法格式：

```
USE 数据库名
```

该命令用于改变当前使用的数据库为指定的数据库。

10. RETURN

语法格式：

```
RETURN ([整数值])
```

该命令用于结束当前程序的执行，返回到上一个调用它的程序或批处理。在括号内可以指定一个返回值，如果没有指定返回值，SQL Server 系统会根据程序的执行结果自动指定一个返回值，如：

0：程序执行成功。

–1：找不到对象。

–2：数据类型错误。

–3：死锁。

–4：违反权限规则。

–5：语法错误。

–6：用户造成的一般错误。

–7：资源错误。

–8：非致命的内部错误。

–9：已达到系统的极限。

–10，–11：致命的内部不一致性错误。

–12：表或指针破坏。

–13：数据库破坏。

–14：硬件错误。

如果运行过程中产生多个错误，SQL Server 系统会返回绝对值最大的数值；如果用户定义了返回值，则返回用户定义的返回值。RETURN 语句不能返回 NULL 值。SQL Server 保留–1～–99 之间的返回值作为系统使用。

4.2.4 常用函数

T-SQL 中提供的函数包括字符串函数、数学函数、日期函数、数据类型转换函数和系统函数等。这些函数主要用于 SELECT、UPDATE、INSERT、DELETE 语句及其 WHERE 子句中。下面介绍一些常用的函数。

1. 字符串函数

常用的字符串函数及其使用方法如表 4-2 所示。

表 4-2 常用字符串函数

函数及语法	作 用
RIGHT(字符表达式，长度)	从字符串右侧开始截取指定长度的字符串
LEFT(字符串，长度)	从字符串左侧开始截取指定长度的字符串
ASCII(字符表达式)	返回最左边一个字符的 ASCII 码值
CHAR(整数表达式)	返回整数所代表的 ASCII 码值对应的字符
UPPER(字符表达式)	将小写字母转换为大写字母
LOWER(字符表达式)	将大写字母转换为小写字母
LTRIM(字符表达式)	删除字符串最左端连续的空格
RTRIM(字符表达式)	删除字符串最右端连续的空格
STR(小数，长度，小数位数)	将小数转换成指定长度和小数位数格式的字符串型数据
REPLICATE(字符表达式，整数表达式)	将字符表达式重复整数次连接构成的新字符串
SUBSTRING(字符表达式，开始位置，长度)	从字符表达式中指定的开始位置处返回指定长度的字符构成的字符串
REVERSE(字符表达式)	返回字符表达式的逆序

【例 4.16】查询 00522 班的学生读者，如图 4-4。

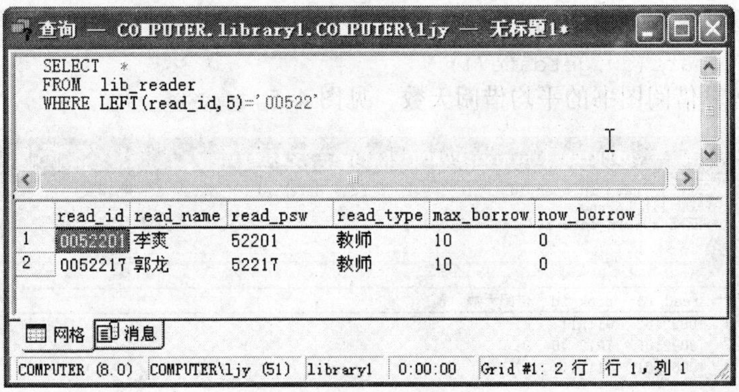

图 4-4 字符串函数使用示例

2. 日期函数

常用的日期函数有：

DATEADD(日期元素，数值，日期表达式)：将数值转化为日期元素指定的部分，加上日期表达式后返回。

DATEDIFF(日期元素，较早日期表达式，较晚日期表达式)：两个日期相减后，按日期元素制定部分转化后返回。

DATENAME(日期元素，日期表达式)：以字符串形式返回日期表达式中日期元素指定部分所对应的名字。

DATEPART(日期元素，日期表达式)：以数值形式返回日期表达式中日期元素指定部分所对应的名字。

DAY(日期表达式)：返回指定日期的日数。

GETDATE()：返回服务器系统当前的日期和时间。

MONTH(日期表达式)：返回指定日期的月份数。

YEAR(日期表达式)：返回指定日期的年份数。

其中日期元素取值及其含义如表 4-3 所示。

表 4-3　日期元素取值及其含义

日期元素取值	含　　　义	允许的取值
yy	返回日期表达式中的年或年数	1 753～9 999
qq	返回日期表达式中的季或季数	1～4
mm	返回日期表达式中的月或月数	1～12
dy	返回日期表达式表示的一年中的第几天	1～366
dd	返回日期表达式中的天或天数	1～31
wk	返回日期表达式表示的是一年中的第几个星期或星期数	0～51
dw	返回日期表达式表示的是星期几	1～7（星期日的值为 1）
hh	返回日期表达式表示的小时或小时数	0～23
mi	返回日期表达式表示的分钟或分钟数	0～59
ss	返回日期表达式表示的秒钟或秒数	0～59
ms	返回日期表达式表示的微秒或微秒数	0～999

【例 4.17】返回今天是星期几。

```
SELECT  datepart(dw,getdate())
```

【例 4.18】计算借阅图书的平均借阅天数，见图 4-5。

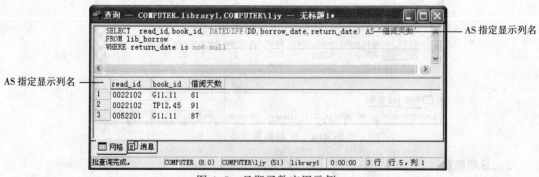

图 4-5　日期函数应用示例

3．类型转换函数

一般情况下，SQL Server 会自动处理某些数据类型的转换。这种转换被称为隐式转换。但是，无法由 SQL Server 自动转换的或者是 SQL Server 自动转换的结果不符合预期结果的，就需要使用转换函数进行显式转换。类型转换函数有两个：CONVERT 和 CAST。

CAST 函数允许把表达式转换为指定的数据类型，语法如下：

```
CAST (表达式 AS 数据类型)
```

CONVERT 函数允许把表达式转换为指定的数据类型，同时还可以指定格式，语法如下：

```
CONVERT (数据类型[(长度)],表达式 [,类型])
```

其中，类型参数只有在表达式是日期类型时才需要。其取值范围及含义如表 4-4 所示。

表 4-4 类型参数取值及含义

类型取值	格　式	类型取值	格　式
1	mm/dd/yy	101	mm/dd/yyyy
2	yy.mm.dd	102	yyyy.mm.dd
3	dd/mm/yy	103	dd/mm/yyyy
4	dd.mm.yy	104	dd.mm.yyyy
5	dd-mm-yy	105	dd-mm-yyyy
6	dd mm yy	106	dd mm yyyy
7	mm dd,yy	107	mm dd,yyyy
8 或 108	hh:mi:ss	14 或 114	hh:mi:ss:ms(24h)
10	mm-dd-yy	110	mm-dd-yyyy
11	yy/mm/dd	111	yyyy/mm/dd
12	yymmdd	112	yyyymmdd
9 或 109	mm dd yyyy hh:mi:ss:msAM（PM）		
13 或 113	dd mm yyyy hh:mi:ss:ms(24h)		

例如，今天的日期为 2009 年 2 月 1 日。

```
select convert(char(50),getdate(),8),将系统时间显示为: 20:01:23。
select convert(char(50),getdate(),9),将系统时间显示为: 02 1 2009 8:05:01:030PM。
select convert(char(50),getdate(),3),系统时间显示为: 01/02/09。
select convert(char(50),getdate(),103),系统显示时间为: 01/02/2009。
```

4. 数学函数

常用的数学函数有：

ABS(数值表达式)：返回绝对值。

EXP(数值表达式)：返回给定数据的指数值。

LOG(数值表达式)：返回给定值的自然对数值。

LOG10(数值表达式)：返回底为 10 的自然对数值。

SQRT(数值表达式)：返回给定值的平方根。

CEILING(数值表达式)：返回大于或者等于给定值的最小整数。

FLOOR(数值表达式)：返回小于或者等于给定值的最大整数。

ROUND(数值表达式,长度)：将给定的数值四舍五入到指定的长度。

PI()：常量，3.141592653589793。

RAND([整数])：返回 0 和 1 之间的一个随机数。

POWER(数值表达式，指数表达式)：计算数值表达式的指数次幂的值。

例如，ABS（-56）结果为 56，SQRT（4）的结果为 2.0，CEILING（4.67）结果为 5，STR(round(PI(),3),5,3)的结果为 3.142，POWER（2，10），结果为 1024。

5. 集函数

集函数主要用于返回统计值。该类函数只能放在 SELECT 中，不能放在 WHERE 中，除非其中有嵌套 SELECT 语句。

该类函数有：

COUNT(*)：统计记录条数。

COUNT(列名)：统计一列值的个数。

SUM(列名)：计算某一数值型列的值的总和。

AVG(列名)：计算某一数值型列的值的平均值。

MAX(列名)：计算某一数值型列的值的最大值。

MIN(列名)：计算某一数值型列的值的最小值。

其使用方法和实例见 3.4.2 节。

4.3 游 标

4.3.1 游标的含义和作用

第 3 章介绍的 SELECT 语句的查询结果是一个记录集合，只能对集合做整体操作。为了能够对该集合的值按行按列进行处理，SQL Server 2000 中提供了"游标"（cursor）。

游标的典型运用过程一般为：

（1）用 DECLARE 声明游标；

（2）用 OPEN 语句打开游标；

（3）使用 FETCH 语句读取一行数据；

（4）处理数据；

（5）判断是否已经读完所有数据，未读完时重复执行（3）～（5）步；

（6）使用 CLOSE 语句关闭游标；

（7）使用 DEALLOCATE 释放游标。

4.3.2 游标的相关命令

1. DECLARE 语句

使用游标前需要用 DECLARE 语句声明游标，其语法格式为：

```
DECLARE 游标名 CURSOR
FOR Select 语句
[FOR {READONLY|UPDATE[OF 列名表]}]
```

其含义为将 SELECT 语句的结果存入游标中，可以将游标看做一段内存缓冲区，游标名为该段缓冲区的内存指针。READONLY（只读）和 UPDATE（更新）是游标的两种类型。如果定义为 READONLY，或虽未指定为 READONLY，但 SELECT 语句中含有 DISTINCT 选项、GROUP BY 子句、集函数，则该游标为只读游标，不能通过游标对表修改。当游标定义为更新游标时，可以通过游标修改表。

游标的定义，必须作为一个单独的批处理提交。

例如：定义图书游标 book_cur。

```
DECLARE  book_cur  CURSOR  FOR
SELECT  book_id, book_name,  book_price
FROM  lib_book
```

2．OPEN 语句

OPEN 语句打开已经声明的游标并执行相应的 SELECT 语句，将查询结果放入缓冲区。其语法格式为：

```
OPEN 游标名
```

打开语句执行后，游标指针指向结果的第一行。然后就可以用 FETCH 语句检索数据了。

例如，打开前面定义的游标 book_cur。

```
OPEN book_cur
```

3．FETCH 语句

FETCH 语句从游标中读取当前记录并把它保存到指定的变量中。FETCH 语句的语法格式为：

```
FETCH 游标名  INTO 局部变量列表；
```

在 FETCH 操作之前，需要为游标中的各列定义对应的局部变量。

例如，对前面 DECLARE 语句说明的游标，可使用下述语句读取记录：

```
DECLARE @id char(50),@name char(50),@price numeric(5,1)
FETCH book_cur INTO @id,@name,@price
```

每执行一次 FETCH 语句都从游标中读取一行记录，需要读取多行记录时需要反复调用 FETCH 语句。执行 FETCH 语句后，同时有两个全局变量的值会受到影响，即@@FETCH_STATUS：0——成功、1——失败、2——没有数据；@@rowcount：每执行一次 FETCH 语句该变量加 1，当所有行取完，则该变量的值表示查询结果的总行数。通过查看这两个变量的值，来控制处理过程。

4．CLOSE 语句和 DEALLOCATE 语句

CLOSE 语句用于关闭先前打开的游标。其语法格式为：

```
CLOSE 游标名
```

关闭游标后，就不能再使用 FETCH 语句从游标中读取数据了。如需再次读数据，需要重新打开游标。

DEALLOCATE 语句用于释放游标。游标释放后，就不能再打开了。其语法格式为：

```
DEALLOCATE  游标名
```

例如，关闭并释放 book_cur 游标：

```
CLOSE book_cur
DEALLOCATE book_cur
```

5．用游标对数据进行操作

如果是可更新游标，则可以对表中数据进行删除和改动。

（1）删除表中当前位置对应的行

语法格式为：

```
DELETE 表名 WHERE CURRENT OF 游标名
```

要求：表具有唯一索引。

说　明

删除当前行后，游标指针不动，后面的行自动上移。

（2）修改表中当前游标位置的行

语法为：

```
UPDATE 表名 SET 列名=值{[,列名=值]} WHERE CURRENT OF 游标名
```

4.3.3 游标的使用举例

【例 4.19】显示图书表中的图书有无预定，如果 book_reserve 字段值为"yes"，显示"有预定"，否则，显示"无预定"。程序及执行结果如图 4-6 所示。

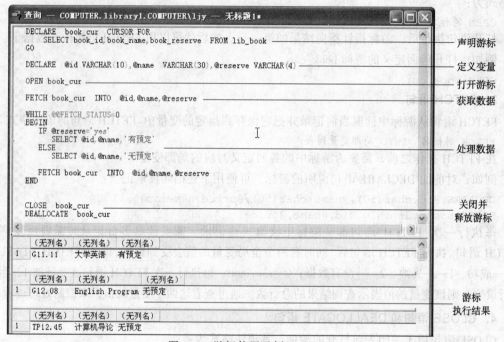

图 4-6 游标使用示例

4.4 存 储 过 程

4.4.1 存储过程的概念

存储过程（stored procedure）是存储于关系数据库中的一段由 SQL 语句组成的程序。是 SQL Server 数据库中的一种数据对象，它在建立时由数据库系统进行编译和优化，其执行代码存储于数据库的程序中，可以被客户机管理工具、应用程序、其他存储过程调用。

SQL Server 的存储过程和其他语言中的过程或函数非常类似，可以使用参数，使用存储过程名并传递参数来执行存储过程。

存储过程有以下特点：

- 存储过程中可以包含一条或多条 T-SQL 语句。
- 存储过程可以接受输入参数并可以返回输出值。
- 在一个存储过程中可以调用另一个存储过程。
- 存储过程可以返回执行情况的状态代码给调用它的程序。

使用存储过程有很多优点，具体如下：

- 实现了模块化编程，一个存储过程可以被多个用户共享和重用。
- 存储过程具有对数据库立即访问的功能。
- 使用存储过程可以提高程序的运行效率，存储过程在定义时被编译、分析和优化，调用时直接从内存中调用，无需重新编译。
- 使用存储过程可以减少网络流量，用户执行存储过程，只需在网络上传递一条调用语句即可。
- 使用存储过程可以提高数据库的安全性。

在 SQL Server 中的存储过程分为两类：即系统存储过程和用户自定义的存储过程。

系统存储过程是指由系统提供的存储过程，系统存储过程主要以"sp_"和"xp_"为命名前缀，用于增强 T-SQL 语句的功能。这些系统存储过程主要存在于 MASTER 系统数据库中，但在任何用户数据库中可直接使用，另外，当新创建一个数据库时，一些系统存储过程会在新数据库中被自动创建。

用户自定义存储过程是指由用户创建，能完成某一特定功能的存储过程。它可以接受输入参数，返回输出参数。

4.4.2　创建存储过程

在 SQL Server 中创建存储过程的方法有两种：使用 T-SQL 命令创建和使用企业管理器创建。无论使用哪种方式，都需要确定存储过程的 3 个方面：

- 所有的输入参数以及传给调用者的输出参数。
- 被执行的针对数据库的操作语句，包括调用其他存储过程的语句。
- 返回给调用者的状态值，以指明调用是成功还是失败。

1. 使用 SQL 语句创建存储过程

在使用 CREATE PROCEDURE 命令创建存储过程时，需要考虑下列几个问题：

- CREATE PROCEDURE 语句不能与其他 SQL 语句在单个批处理中组合使用。
- 必须具有数据库的 CREATE PROCEDURE 权限。
- 只能在当前数据库中创建存储过程。
- 不要创建任何使用 sp_作为前缀的存储过程。

CREATE PROCEDURE 的语法形式如下：

```
CREATE PROCEDURE   存储过程名
[(@参数名   参数类型[=默认值]
……
@参数名   参数类型[=默认值] [OUTPUT])]
AS SQL 语句
RETURN [存储过程执行状态值]
```

以下几点需要说明：

默认值：参数可以指定默认值，但是只能是常数或者空值。如果定义了默认值，即使不传递参数，存储过程也可以调用执行。

OUTPUT：指示该参数是输出参数，用 OUTPUT 参数可以向调用者返回信息，TEXT 类型参数不能用做 OUTPUT 参数，而且只能指定一个 OUTPUT 参数。

存储过程执行状态值一般是一个整数值，放在 RETURN 后面，如 RETURN 6。

【例 4.20】定义不带参数的存储过程 book_borrow，要求显示所有已经借出但未归还的图书的图书编码、名称、作者、出版社、单价。

```
CREATE  PROCEDURE  book_borrow  AS
SELECT
lib_book.book_id,lib_book.book_name,lib_book.book_author,lib_book.book_pr
ess,lib_book.book_price
FROM  lib_book,lib_borrow
WHERE lib_borrow.return_date is null
and lib_borrow.book_id=lib_book.book_id
```

【例 4.21】定义带参数的存储过程 book_insert，要求调用该存储过程可以插入一条记录，记录的值由参数提供。

```
CREATE  PROCEDURE  book_insert
(
@id VARCHAR(10),
@name VARCHAR(30),
@author VARCHAR(20),
@press  VARCHAR(30)
)
AS
INSERT INTO lib_book(book_id,book_name,book_author,book_press)
VALUES(@id,@name,@author,@press)
```

2. 使用企业管理器创建存储过程

使用 SQL Server 企业管理器创建存储过程的步骤如下。

（1）打开 SQL Server 企业管理器。

（2）选择指定的服务器和数据库（如 library）并展开该数据库文件夹。

（3）右击数据库中的【存储过程】命令，在弹出的快捷菜单中选择【新建存储过程】命令，如图 4-7 所示。

图 4-7 新建存储过程图示

（4）打开新建存储过程属性对话框，如图 4-8 所示。

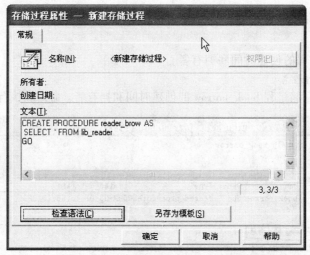

图 4-8 "存储过程属性"对话框

（5）在"文本"框中输入创建存储过程的文本，如图 4-8 创建存储过程 read_brow，用于查询读者表的所有记录。

（6）单击【检查语法】按钮检查存储过程语法是否正确，如果正确，会弹出"检查语法成功"对话框。如果错误，则弹出对话框指名错误的位置和性质，继续修改，直到没有语法错误为止。

（7）单击【确定】按钮保存。

4.4.3 执行存储过程

存储过程创建成功后，保存在数据库中。在 SQL Server 中可以使用 EXECUTE 命令来直接执行存储过程，其语法形式如下：

```
[EXECUTE] {[@状态接收变量=] 存储过程名
[@参数变量=]{参数值|@局部变量}
······
[@接收输出的局部变量 OUTPUT]
```

需要说明的是，一般情况，执行存储过程时的参数值应与定义存储过程时参数顺序和类型一致，当指定参数变量时，各参数的传递顺序可以与数据存储中定义的参数顺序不一致。

【例 4.22】执行例 4.20 中创建的存储过程 book_borrow。

```
EXECUTE book_borrow
```

【例 4.23】执行例 4.21 中创建的存储过程 book_insert，并传递参数：TP 24.88，C++程序设计，谭浩强，清华大学出版社。

```
EXECUTE book_insert
'TP 24.88','C++程序设计','谭浩强','清华大学出版社'
```

或

```
EXECUTE book_insert
@name='C++程序设计',@id='TP 24.88',
@author='谭浩强',@press='清华大学出版社'
```

4.4.4 查看存储过程

1. 使用系统存储过程查看用户创建的存储过程

（1）sp_help

用于显示存储过程的创建时间和拥有者。

sp_help   *存储过程名*

【例4.24】显示存储过程 book_borrow 的创建时间和拥有者。命令和执行结果如图 4-9 所示。

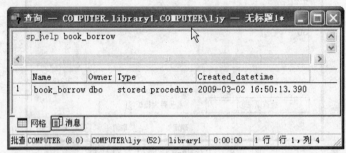

图 4-9　sp_help 命令及结果

（2）sp_helptext

用于显示存储过程的源代码。

sp_helptext   *存储过程名*

【例4.25】查看存储过程 book_insert 的源代码。命令及执行过程如图 4-10 所示。

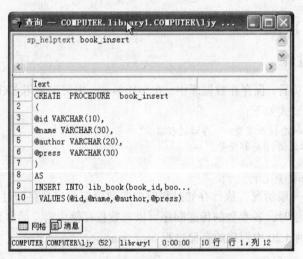

图 4-10　sp_helptext 命令及结果

2. 使用企业管理器查看用户创建的存储过程

在 SQL Server 企业管理器中，选择指定的服务器和数据库，展开相应的数据库文件夹，如 library，单击其中的"存储过程"，在右边的窗口中就会显示出当前数据库中的所有存储过程。

在右边的窗口中，右击要查看的存储过程，在弹出的快捷菜单中选择【属性】命令，如图 4-11 所示，打开"存储过程属性"对话框，如图 4-12 所示，即可看到存储过程的源代码及其他属性。

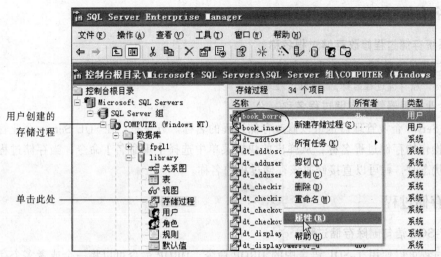

图 4-11　查看用户创建的存储过程

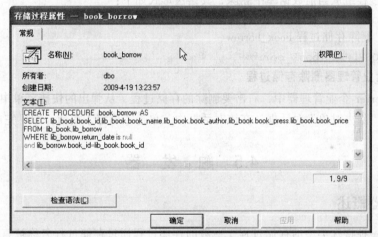

图 4-12　"存储过程属性"对话框

4.4.5　修改存储过程

1. 使用 T-SQL 语句修改存储过程

使用 ALTER PROCEDURE 语句可以更改存储过程，但不会更改权限，也不影响相关的存储过程或触发器。其语法形式如下：

```
ALTER PROCEDURE    存储过程名
[(@参数名    参数类型 [=默认值]
……
@参数名    参数类型 [=默认值]  [OUTPUT])]
AS SQL 语句
```

各部分说明及注意事项与 CREATE PROCEDURE 语句中相同。

2. 使用企业管理器修改存储过程

使用 SQL Server 企业管理器可以很方便地修改存储过程的定义。在 SQL Server 企业管理器中，展开存储过程，右击要修改的存储过程，从弹出的快捷菜单中选择【属性】命令，弹出"存储过程属性"对话框。在该对话框中，可以直接修改定义该存储过程的 T-SQL 语句。

4.4.6 重命名存储过程

1. 使用系统存储过程修改存储过程名称

修改存储过程的名称可以使用系统存储过程 sp_rename，其语法形式如下：

```
sp_rename  原存储过程名称,新存储过程名称
```

2. 使用企业管理器修改存储过程名称

通过 SQL Server 企业管理器也可以修改存储过程的名称。方法是：在 SQL Server 企业管理器中，右击要操作的存储过程名称，从弹出的快捷菜单中选择【重命名】命令，当存储过程名称变成可输入状态时，就可以直接修改该存储过程的名称。

4.4.7 删除存储过程

1. 使用 T-SQL 语句删除存储过程

删除存储过程可以使用 T-SQL 语言中的 DROP 命令，DROP 命令可以将一个或者多个存储过程或者存储过程组从当前数据库中删除，其语法形式如下：

```
DROP  PROCEDURE  存储过程名{[,存储过程名]}
```

【例 4.26】删除存储过程 book_borrow

```
DROP  PROCEDURE  book_borrow
```

2. 使用企业管理器删除存储过程

在 SQL Server 企业管理器中，右击要删除的存储过程，从弹出的快捷菜单中选择【删除】命令，会弹出"除去对象"对话框。在该对话框中，单击【确定】按钮，即可完成删除操作。

4.5 触 发 器

4.5.1 触发器概述

触发器是一种特殊类型的存储过程。一般的存储过程通过存储过程名称被直接调用，而触发器主要是通过当某个事件发生时自动被触发执行的。触发器可以用于 SQL Server 约束、默认值和规则的完整性检查，还可以完成难以用普通约束实现的复杂功能。

当创建数据库对象或在数据表中插入记录、修改记录或者删除记录时，SQL Server 就会自动执行触发器所定义的 SQL 语句，从而确保对数据的处理必须符合由这些 SQL 语句所定义的规则。触发器和引起触发器执行的 SQL 语句被当作一次事务处理，如果这次事务未获得成功，SQL Server 会自动返回该事务执行前的状态。

因此，当创建一个触发器时必须指定以下几项内容：

● 触发器的名称。

● 在其上定义触发器的表或视图。

● 触发器将何时激发：是 UPDATE、DELETE 还是 INSERT 语句。

● 执行触发操作的编程语句，即触发以后做什么工作。

使用触发器有以下优点：

● 触发器是自动执行的。

● 触发器可以通过数据库中的相关表进行层叠更改。

● 触发器可以强制限制。这些限制比用 CHECK 约束所定义的更复杂。

SQL Server 在工作时，为每个触发器在服务器的内存上建立两个特殊的表：插入表（inserted）和删除表（deleted），这两个表是逻辑表，由系统自动维护，不允许用户对其直接修改，但可以引用表中的数据。这两个表的结构总是与被该触发器作用的表具有相同的结构。当触发器工作完成后，与该触发器相关的这两个表也被删除。inserted 表用于存储 INSERT 和 UPDATE 语句所影响的记录的副本，新建记录被同时添加到 inserted 表和触发器表中。deleted 表用于存储 DELETE 和 UPDATE 语句所影响的记录的副本，在执行 DELETE 语句时，记录从触发器表中删除，并传输到 deleted 表中，deleted 表和触发器表通常没有相同的记录行。当执行 UPDATE 操作时，在 deleted 表中存放原数据记录旧值，在 inserted 表中存放新值。因此，在触发器操作中，可以合理地引用 Inserted 表和 Deleted 表中的数据完成一些复杂的操作。

4.5.2 创建触发器

在创建触发器之前应该考虑以下 2 点：

● CREATE TRIGGER 必须是批处理中的第一条语句。

● 触发器只能在当前的数据库中创建。

1. 使用 T-SQL 语句创建触发器

使用 T-SQL 语言中的 CREATE TRIGGER 命令可以创建触发器，语法格式如下：

```
CREATE TRIGGER 触发器名称 ON {表名|视图名}
{FOR|AFTER|INSTEAD OF} {[INSERT] [,] [UPDATE] [,] [DELETE]}
AS SQL 语句  {[;SQL 语句]}
```

其中，各参数的说明如下：

● FOR | AFTER：AFTER 指定触发器仅在触发 SQL 语句中指定的所有操作都已成功执行时才被触发。不能对视图定义 AFTER 触发器。

● INSTEAD OF：当相应操作发生时，触发器被触发，但相应的操作并不被执行，运行的仅仅是触发器的 SQL 语句本身。可以定义在表上或视图上，但对同一个操作只能定义一个 INSTEAD OF 触发器。

● {[DELETE] [,] [INSERT] [,] [UPDATE]}：指明哪种数据操作将激活触发器。必须至少指定一个选项。在触发器定义中可以使用上述 3 个选项的任意组合。

● SQL 语句：制定触发条件和操作。

【例 4.27】创建一个 AFTER 触发器，要求实现以下功能：在图书表上创建一个插入类型的触发器 TR_Book_Insert，当向表中插入一条数据时，自动显示表 lib_reader 中的所有记录。

程序代码如下：

```
CREATE TRIGGER TR_Book_Insert
ON lib_reader
FOR INSERT
AS
BEGIN
SELECT * FROM lib_reader
END
```

该触发器建立完毕后，当向表 lib_reader 中插入一条新记录时，触发器 TR_Book_Insert 将会自动执行，即执行触发器定义的动作 "SELECT * FROM lib_reader"，显示表中的所有记录，如图 4-13 所示。

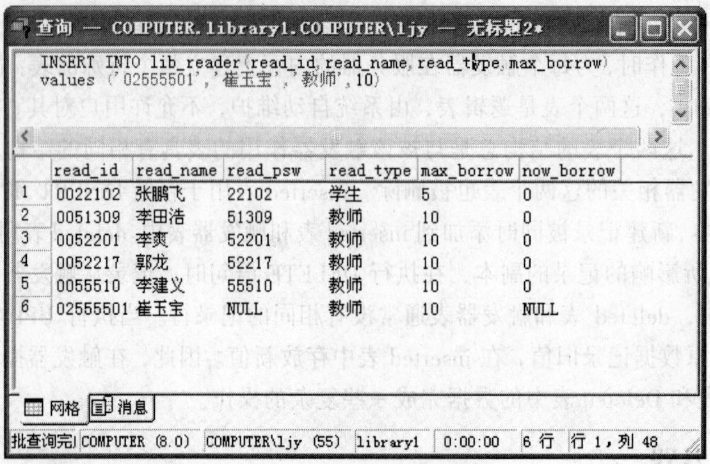

图 4-13   插入触发器触发实例

【例 4.28】创建一个 INSTEAD OF 类型的触发器，要求实现以下功能：读者表上创建一个删除类型的触发器 TR_Reader_Delete，当在 lib_reader 中删除一条记录时，触发该触发器，显示不允许删除该表中的数据。

程序代码如下：

```
CREATE  TRIGGER TR_Reader_Delete
ON lib_reader
INSTEAD OF DELETE
AS
 BEGIN
   PRINT   '删除触发器开始执行……'
   PRINT   '本表数据不允许删除……'
   END
GO
```

创建了触发器 TR_Reader_Delete 后，在查询窗口中输入删除表 lib_reader 中记录的 SQL 语句，程序执行结果如图 4-14 所示。

图 4-14   删除触发器执行实例

此时，使用 SELECT 语句查看表 lib_reader 中的记录，发现读者"0052201"依然存在，意味着 INSTEAD OF 类型的触发器在触发时，原 SQL 语句（DELETE FROM lib_reader WHERE read_id='0052201'）没有执行，而是直接执行触发器中定义的操作。

在查询分析器中左侧树形目录中找到表 lib_reader，展开该文件夹，找到触发器文件夹下的 TR_Reader_Delete，按键盘上的【Delete】键删除该触发器，按照例 4.29 重新创建一个功能更为强大的触发器。

【例 4.29】创建一个 INSTEAD OF 类型的触发器，要求实现以下功能：读者表上创建一个删除类型的触发器 TR_Reader_Delete，当在 lib_reader 中删除一条记录时，触发该触发器，检查 lib_borrow 中该读者有没有未归还的图书，如果有，则不允许删除该读者；如果没有，则先删除该读者在借阅表 lib_reader 中的所有记录，然后再删除读者表 lib_reader 中的相应记录。

程序代码如下：

```
USE library1
GO

CREATE  TRIGGER TR_Reader_Delete
ON lib_reader
INSTEAD OF DELETE
AS
BEGIN
  PRINT '删除触发器开始执行……'
  DECLARE  @id  varchar(10)

  SELECT  @id=read_id from deleted

  PRINT '开始查找并删除 lib_borrow 表中的记录……'

  DECLARE  @num int
  SELECT @num=COUNT(*) FROM lib_borrow WHERE read_id=@id and return_date is
  null
  ROLLBACK
IF (@NUM!=0)
  BEGIN
    PRINT '该读者有未归还的图书,因此不能删除!'
  END
ELSE
  BEGIN
    DELETE FROM lib_borrow WHERE  read_id=@id
    DELETE FROM lib_reader WHERE  read_id=@id
  END
END

GO
```

当前借阅表中的数据如图 4-15 所示，读者"0052201"有两本未归还图书，读者"0022102"没有未归还图书。

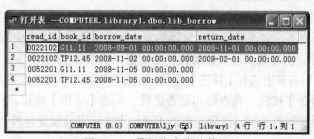

图 4-15　借阅表中当前数据

建立该触发器后，执行删除读者表中"0052201"的信息，执行结果如图 4-16 所示。

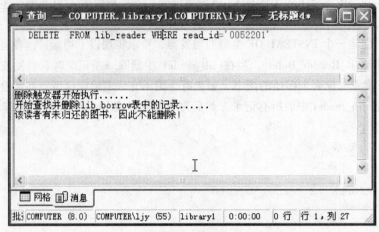

图 4-16 删除读者"0052201"的信息

执行删除读者表中"0022102"的信息，执行结果如图 4-17 所示，读者"0022102"的信息已经不存在。

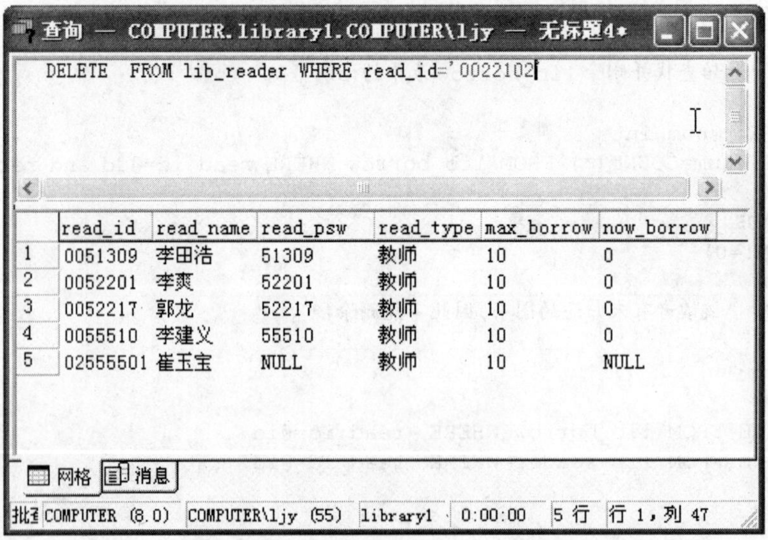

图 4-17 删除读者"0022102"的信息

此时，打开表 lib_borrow 查看，发现读者"0022102"的借阅信息也被删除了。

2. 使用企业管理器创建触发器

在 SQL Server 企业管理器中，展开指定的服务器和数据库，单击表，在企业管理器的右部显示当前数据库的所有表，右击要创建触发器的表，从弹出的快捷菜单中依次选择【所有任务】|【管理触发器】命令，会出现"触发器属性"对话框，如图 4-18 所示。

在"名称"下拉列表框中选择【新建】命令，在文本编辑框中输入触发器的名称及相关 SQL命令。单击【检查语法】按钮，检查语句是否正确，单击【应用】按钮，在名称下拉列表框中即可显示新创建的触发器的名字，最后，单击【确定】按钮完成触发器的创建。

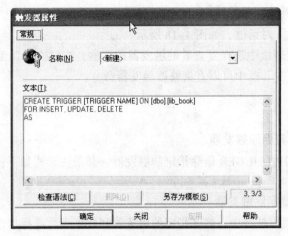

图 4-18 "触发器属性"对话框

4.5.3 查看触发器

1. 使用系统存储过程查看触发器

可以使用系统存储过程 sp_help、sp_helptext 和 sp_depends 分别查看触发器的不同信息。

sp_help 用于查看触发器的一般信息，如触发器的名称、属性、类型和创建时间。语法格式如下：

```
sp_help  '触发器名称'
```

sp_helptext 用于查看触发器的正文信息。语法格式如下：

```
sp_helptext  '触发器名称'
```

sp_depends 用于查看指定触发器所引用的表。语法格式如下：

```
sp_depends  '触发器名称'
```

2. 使用企业管理器查看触发器

在 SQL Server 企业管理器中，展开指定的服务器和数据库，选择指定的数据库和表，右击要查看的表，从弹出的快捷菜单中依次选择【所有任务】|【管理触发器】命令，会出现"触发器属性"对话框，如图 4-18 所示。

在"名称"下拉列表框中选择要查看的触发器的名称，在"文本"编辑框中显示出该触发器的文本命令。在"文本"框中可以直接修改触发器命令。

4.5.4 修改触发器

1. 使用存储过程修改触发器名字

使用 sp_rename 可以修改触发器的名字，其语法格式如下：

```
sp_rename  原名字,新名字
```

2. 使用 ALTER TRIGGER 命令修改触发器命令

ALTER TRIGGER 命令的语法格式如下：

```
ALTER TRIGGER 触发器名称
ON (表名|视图名)
{FOR|AFTER|INSTEAD OF} {[INSERT] [,] [UPDATE] [,] [DELETE]}
AS SQL 语句  {[;SQL 语句]}
```

各参数的使用方法与含义与创建触发器中的参数相同。

3. 使用企业管理器修改触发器

打开"触发器属性"对话框，如图 4-18 所示。

在"名称"下拉列表框中选择要查看的触发器的名称，在"文本"编辑框中显示出该触发器的文本命令。在"文本"框中可以直接修改触发器命令。

4.5.5 删除触发器

1. 使用 T-SQL 语句删除触发器

使用系统命令 DROP TRIGGER 删除指定的触发器。其语法形式如下：

```
DROP TRIGGER 触发器名{[,触发器名]}
```

2. 使用企业管理器删除触发器

在 SQL Server 管理控制台中，展开指定的服务器和数据库，选择指定的数据库和表，右击要查看的表，从弹出的快捷菜单中依次选择【所有任务】|【管理触发器】命令，会出现"触发器属性"对话框，如图 4-18 所示。

在"名称"下拉列表框中选择要查看的触发器的名称，单击【删除】按钮即可删除触发器。

3. 直接删除触发器所在的表

删除触发器的另一个方法是直接删除触发器所在的表。删除表时，SQL Server 将会自动删除与该表相关的所有触发器。

本 章 小 结

本章介绍了 T-SQL 的基本语法和控制语句、常用函数，以及 SQL Server 2000 的一些高级应用，包括游标、存储过程和触发器。本章需要重点掌握的内容有：

- T-SQL 变量的分类、定义、赋值和引用方式。
- IF、WHILE、CASE 等流程控制语句的语法。
- 常用函数：数学函数、字符串函数、类型转换函数、日期函数、集函数的用法。
- 游标的含义和作用，打开、读取、关闭、释放的命令和使用方法。
- 存储过程的定义和使用方法。
- 触发器的定义和使用方法。

课 后 练 习

1. SQL Server 中有哪几种变量，变量引用和赋值的方式是什么？
2. 什么是批处理？如何标识多个批处理？
3. 流程控制语句有哪些？它们各自的作用是什么？
4. 什么是游标？游标的使用过程需要经历几个阶段？
5. 什么是存储过程？使用存储过程有什么好处？
6. 触发器与一般的存储过程的区别是什么？
7. 使用触发器有哪些优点？

8. 使用 T-SQL 创建一个带参数的存储过程，要求该存储过程根据传入的读者编号，在读者表、借阅表和图书表中查询读者的姓名，读者已借阅但未归还的图书的编号、书名、作者和借阅日期。

9. 使用 T-SQL 创建一个 INSTEAD OF 触发器，要求实现以下功能：当向借阅表中插入一条记录时，先检查借阅表中当前读者借阅但未归还的图书的数量，当该数量小于该读者的 max_borrow 值时，可以执行插入动作，同时修改读者表，将该读者的 now_borrow 字段值+1，否则提示"该读者借书数量已达到最大值，不能再借！"。

第 5 章

数据库安全及维护

本章要点

本章主要介绍了数据库的安全性和完整性，并讲解了并发控制和数据恢复的相关知识。通过本章的学习，读者应该掌握以下内容：

- 掌握数据库安全性问题的基本概念和保证数据安全性的基本措施
- 掌握数据库并发情况下的数据安全及处理方法
- 掌握数据发生故障情况下的恢复技术

5.1　数据库安全性

5.1.1　基本概念

数据库的安全性是指保护数据库以防止不合法的使用所造成的数据泄露、更改或破坏。

安全性问题不是数据库系统所独有的，计算机系统都有这个问题。只是在数据库系统中大量数据集中存放，而且为许多用户直接共享，是宝贵的信息资源，从而使安全性问题更为突出。系统安全保护措施是否有效是数据库系统的主要性能指标之一。

安全性问题和保密问题是密切相关的。前者主要涉及数据的存取控制、修改和传播的技术手段；而后者在很大程度上是法律、政策、伦理、道德等问题。在一些国家已成立了专门机构对数据的安全保密制订了法律道德准则和政策法规，这已超出本书的主题，此处不再讲解。这一节主要讨论安全性的一般概念和方法，然后介绍一些数据库系统的安全性措施。

5.1.2　安全措施的设置模型

在计算机系统中，安全措施通常是一级一级层层设置的。例如可以有如图 5-1 所示的计算机系统安全模型。

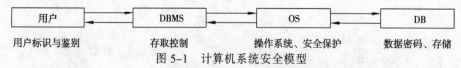

图 5-1　计算机系统安全模型

在图 5-1 的安全模型中，用户进入计算机系统时，首先会根据输入的用户标识进行身份验证，只有合法的用户才准许登录。进入计算机系统后，DBMS 对用户进行存取控制，只允许用户执行合法操作。操作系统同时对用户进行安全操作，数据最终可以通过加入存取密码的方式存储到数据库中。

下面我们讨论最常见的用户标识与鉴别、存取控制等安全措施。

1. 用户标识和鉴定

首先，系统提供一定的方式让用户标识自己的名字或身份。然后系统进行核实，通过鉴定后才提供机器使用权。常用的方法有：

- 用一个用户名或者用户标识号来标明用户身份。系统鉴别此用户是否为合法用户，若是，则可以进入下一步的核实；若不是，则不能使用计算机。
- 口令（password）。为了进一步核实用户，系统常常要求用户输入口令。为保密起见，用户在终端上输入的口令通常显示为其他符号（Windows 环境下通常显示为*）。系统核对口令以鉴别用户身份。以上的方法简单易行，但用户名和口令容易被人窃取，因此还可用更复杂的方法。
- 系统提供一个随机数。用户根据预先约定好的某一过程或者函数进行计算，系统根据用户的计算结果是否正确进一步鉴定用户身份。

2. 存取控制

当用户通过了用户标识和鉴定后，要根据预先定义好的用户权限进行存取控制，保证用户只能存取他有权存取的数据。这里的用户权限是指不同的用户对于不同的数据对象允许执行的操作权限，它由两部分组成，一是数据对象，二是操作类型，定义用户的存取权限就是要设置该用户可以在哪些数据对象上进行哪些类型的操作。表 5-1 列出了关系系统中的数据对象内容和操作类型。

表 5-1 关系系统中的存取权限

数 据 对 象	操 作 类 型
模式、外模式、内模式	建立、修改、使用（检索）
表或者记录、字段	查找、插入、修改、删除

表中的数据对象分两类。一类是数据本身，如关系数据库中的表、字段，非关系数据库中的记录、字段（亦称为数据项）。另一类是外模式、模式、内模式。在非关系系统中，外模式、模式、内模式的建立和修改均由数据库管理员（DBA）负责，一般用户无权执行这些操作，因此存取控制的数据对象仅限于数据本身。在关系系统中 DBA 可以把建立、修改基本表的权限授予用户，用户获得此权限后可以建立基本表、索引和视图。所以，关系系统中存取控制的数据对象不仅有数据，而且有模式、外模式、内模式等数据字典中的内容。

下面讨论数据库中存取控制的一般方法和技术。

定义用户存取权限称为授权（authorization）。这些定义经过编译后存储在数据字典中。每当用户发出存取数据库的操作请求后，DBMS 会查找数据字典，并根据数据字典中的用户权限进行合法权检查（authorization check）。若用户的操作请求超出了定义的权限，系统拒绝执行此操作，授权编译程序和合法权检查机制一起组成了安全性子系统。例如，我们在第 3 章 3.7 节中讲到的 SQL 语句中的授权和回收权限语句就是这种工作原理。

5.1.3 SQL Server 的安全体系

SQL Server 的安全机制是比较健全的，下面以 SQL Server 2000 为例。SQL Server 2000 为数据库和应用程序设置了 4 层安全防线，用户要想获得 SQL Server 2000 数据库及其对象，必须通过这 4 层安全防线。

1. SQL Server 2000 的安全体系结构

SQL Server 2000 提供以下 4 层安全防线。

（1）操作系统的安全防线

Windows（Windiws NT 或 Windows 2000 Server 等）网络管理员负责建立用户组，设置账号并注册，同时决定不同的用户对不同系统资源的访问级别。用户只有拥有了一个有效的 Windows NT 登录账号才能对网络系统资源进行访问。

（2）SQL Server 的运行安全防线

SQL Server 通过登录账号设置来创建附加安全层。用户只有登录成功，才能与 SQL Server 建立一次连接。

（3）SQL Server 数据库的安全防线

SQL Server 的特定数据库都有自己的用户和角色，该数据库只能由它的用户或角色访问，其他用户无权访问其数据。数据库系统可以通过创建和管理特定数据库的用户和角色来保证数据库不被非法用户访问。

（4）SQL Server 数据库对象的安全防线

SQL Server 可以对权限进行管理。SQL Server 完全支持 SQL 标准的 DCL（数据控制语言）功能，T–SQL 的 DCL 功能保证合法用户即使进入了数据库也不能有超越权限的数据存取操作，即合法用户必须在自己的权限范围内进行数据操作。

2. SQL Server 2000 的安全认证模式

（1）SQL Server 2000 的安全认证模式介绍

安全认证是指数据库系统对用户访问数据库系统时所输入的账号和口令进行确认的过程。安全认证的内容包括确认用户的账号是否有效、能否访问系统、能访问系统中的哪些数据等。

安全性认证模式是指系统确认用户身份的方式。SQL Server 2000 有两种安全认证模式：

- Windows 安全认证模式：是指 SQL Server 服务器通过使用 Windows 网络用户的安全性来控制用户对 SQL Server 服务器的登录访问。它允许一个网络用户登录到一个 SQL Server 服务器上时不必再提供一个单独的登录账号及口令，从而实现 SQL Server 服务器与 Windows 登录的安全集成。因此，也称这种模式为集成安全认证模式。
- SQL Server 的安全认证模式：SQL Server 安全认证模式要求用户必须输入有效的 SQL Server 登录账号及口令。这个登录账号是独立于操作系统的登录账号的，从而可以在一定程度上避免操作系统层上对数据库的非法访问。

（2）设置 SQL Server 2000 的安全认证模式

使用 SQL Server 2000 企业管理器功能选择需要的安全认证模式，其步骤如下：

① 在企业管理器中单击 SQL 服务器组，右击需要设置的 SQL 服务器，在弹出的快捷菜单中选择【编辑 SQL Server 注册属性】命令。

② 在弹出的"已注册的 SQL Server 属性"对话框（见图 5-2）的"连接"区域有进行身份验证的两个单选框。单击"使用 Windows 身份验证"选项为选择集成安全认证模式；单击"使用 SQL Server 身份验证"选项则为选择 SQL Server 2000 安全认证模式。

图 5-2 编辑已"注册的 SQL Server 属性"对话框

5.2 数据库的完整性

5.2.1 基本概念

1. 数据库的完整性

数据库的完整性是指数据的正确性和相容性，DBMS 必须提供一种功能来保证数据库中数据的完整性。这种功能亦称为完整性检查，即系统用一定的机制来检查数据库中的数据是否满足规定的条件。这种条件在数据库中称为完整性约束条件，这些完整性约束条件将作为模式的一部分存入数据库中。

2. 数据的完整性和安全性的区别

数据的完整性和安全性是两个不同的概念，数据的完整性是为了防止数据库中存在不符合语义的数据，防止错误信息的输入和输出，即所谓"垃圾"进"垃圾"出（garbage in garbage out）所造成的无效操作和错误结果；数据的安全性是保护数据库防止恶意的破坏和非法的存取。当然，完整性和安全性是密切相关的，如果从系统实现的方法来看，某一种机制常常既可用于安全性保护亦可用于完整性保证。

5.2.2 完整性约束

完整性约束条件可以进行以下分类。

1. 值的约束和结构的约束

值的约束是对数据的值的限制，结构的约束是指对数据之间联系的限制。

（1）关于对数据值的约束

这类约束条件是指对数据取值类型、范围和精度等的规定，例如：

- 对某个属性和属性组合规定某个值集。如规定教师年龄是大于或等于 16，小于或等于 65 的整数或实数。若为实数，可规定精度为小数点后一位数字；又如，规定年份是 4 位整数，月份是 1~12 的整数；规定零件颜色是红、绿、黄、黑、白 5 种。
- 规定某属性值的类型和格式。如规定学号第一个字符必须是字母，后面是 7 位数字；规定学生名字是字符串。
- 规定某属性的值的集合必须满足某种统计条件。如任何职工的工资不得超过此部门平均工资的三倍，任何职工的奖金不得超过此部门平均工资的 30%。

（2）关于数据之间联系的约束。

数据库中同一关系的不同属性之间可以有一定的联系，从而应满足一定的约束条件。同时，由于数据库中的数据是结构化的，不同的关系之间也可以有联系，因而不同关系的属性之间也可以满足一定的约束条件，例如：

数据之间的相互关联最常见的是通过值的相等与否来体现。又如，任何一个关系必存在一个或多个候选键。任何一个键值唯一地确定关系的一个元组，因此候选键的值在关系中必须是唯一的，主键值也必须非空（关系模型的实体完整性）。

一个关系中某属性的值集是同一关系或另一关系中某属性值集的子集。如在 3.3.2 节提到的几个基本表中，读者借阅信息表中的图书编号 book.id 必须是图书基本信息表中的图书编号 book.id 的子集。这个例子是关系模型的参照完整性，即一个关系的外键的值集一定是相应的另一个关系上主键属性值集的子集。

2. 静态约束和动态约束

静态约束是指对数据库每一确定状态的数据所应满足的约束条件。以上我们所讲的约束都属静态约束。

动态约束是指数据库从一种状态转变为另一种状态时新旧值之间所应满足的约束条件。例如，当更新教师工资时要求新工资值不低于旧工资值；又如，当学生学费大于等于 3500 元时新学费等于旧学费，否则新学费大于或等于旧学费。这条约束体现了这样的语义：即调征收费范围仅限于学费低于 3500 元的职工。

3. 立即执行约束和延迟执行约束

立即执行约束是指在执行用户事务时，对事务中某一更新语句执行完后马上对数据所应满足的约束条件进行完整性检查。

延迟执行约束是指在整个事务执行结束后，才对此约束条件进行完整性检查，结果正确方能提交。

4. 完整性实现

完整性的实现应包括两个方面：

- 系统要提供定义完整性约束条件的功能。
- 系统提供检查完整性约束条件的方法。

对于数据值的那类完整性约束条件通常在模式中定义。例如在模式中定义属性名、类型、长度、码属性名并标明其值是唯一的、非空的等等，另外的那些约束条件就要用专门的方式加以定义，如编写程序实现约束。

5.2.3 SQL Server 的数据完整性

SQL Server 具有较健全的数据完整性控制机制，它使用约束、默认、规则和触发器 4 种方法定义和实施数据库完整性功能。

1. SQL Server 的数据完整性种类

SQL Server 2000 中的数据完整性包括域完整性、实体完整性和参照完整性 3 种。

（1）域完整性

域完整性为列级和元组级完整性。它为列或列组指定一个有效的数据集，并确定该列是否允许为空值（NULL）。

（2）实体完整性

实体完整性为表级完整性，它要求表中所有的元组都应该有一个唯一标识，即主关键字。

（3）参照完整性

参照完整性是表级完整性，它维护从表中的外码与主表中主码的相容关系。如果在主表中某一元组被外码参照，那么这个元组既不能被删除，也不能更改其主码。

2. SQL Server 数据完整性方式

SQL Server 使用声明数据完整性和过程数据完整性两种方式实现数据完整性。

（1）声明数据完整性

声明数据完整性通过在对象中定义、系统本身自动强制来实现。声明数据完整性包括各种约束、默认和规则。

（2）过程数据完整性

过程数据完整性通过使用脚本语言（T-SQL）定义，系统在执行这些语言时强制实现数据完整性。过程数据完整性包括触发器和存储过程等。

3. SQL Server 实现数据完整性的具体方法

SQL Server 实现数据完整性的主要方法有 4 种：约束、触发器、默认和规则。

（1）约束

约束通过限制列中的数据、行中的数据和表之间数据来保证数据完整性。表 5-2 列出 SQL Server 2000 约束的 5 种类型和其完整性功能。

表 5-2　约束类型和完整性功能

完整性类型	约 束 类 型	完整性功能描述
域完整性	DEFAULT(默认)	插入数据时，如果没有明确提供列值，则用默认值作为该列的值
	CHECK(检查)	指定某个列或列组可以接受值的范围，或指定数据应满足的条件
实体完整性	PRIMARY KEY(主码)	指定主码，确保主码不重复，不允许主码为空值
	UNIQUE(唯一值)	指出数据应具有唯一值，防止出现冗余
参照完整性	FOREIGN KEY(外码)	定义外码、被参照表和其主码

使用 CREATE 语句创建约束的语法形式如下：

```
CREATE TABLE <表名>(,<列名><类型>[<列级约束>][,…n]
[,<表级约束>[,…n]])
```

其中，<列级约束>的格式和内容为：

```
[CONSTRAINT<约束名>]
```

```
    {PRIMARY KEY[CLUSTERED | NONCLUSTERED]
    | UNIQUE[CLUSTERED|NONCLUSTERED]
    | [FOREIGN KEY]REFERENCES<被参照表>[(<主码>)]
    |DEFAULT<常量表达式>  | CHECK<逻辑表达式>  |
```
  <表级约束>的格式和内容为:
```
CONSTRAINT<约束名>
    {{PRIMARY KEY[CLUSTERED|NONCLUSTERED](<列名组>)
    |UNIQUE[CLUSTERED|NONCLUSTERED](<列名组>)
    |FOREIGN KEY(<外码>)REFERENCES(被参照表)(<主码>)
    |CHECK(<约束条件>)}
```
关于 5 种约束的内容在本书 3.3 节中已介绍,在此不再赘述。

（2）触发器

触发器是一种功能强、开销高的数据完整性方法。触发器具有 INSERT、UPDATE 和 DELETE 三种类型。一个表可以具有多个触发器。

触发器的用途是维护行级数据的完整性。与 CHECK 约束相比,触发器能强制实现更加复杂的数据完整性,能执行操作或级联操作,能实现多行数据间的完整性约束,能按定义动态的、实时的维护相关的数据。

有关触发器的定义和使用方法在本书 4.5 中已介绍,这里不再赘述。

（3）默认和规则

默认(DEFAULT)和规则(RULE)都是数据库对象。当它们被创建后,可以绑定到一列或几列上,并可以反复使用。当使用 INSERT 语句向表中插入数据时,如果有绑定 DEFAULT 的列,系统就会将 DEFAUTLT 指定的数据插入;如果有绑定 RULE 的列,则所插入的数据必须符合 RULE 的要求。

如果想了解用默认对象和规则对象实现数据完整性,请读者参阅相关书籍。

5.3 并 发 控 制

5.3.1 基本概念

数据库是一个共享资源,可以由多个用户使用。这些用户程序可以一个一个地串行执行,每个时刻只有一个用户程序运行,执行对数据库的存取。其他用户程序必须等到这个用户程序结束以后方能对数据库进行存取。如果一个程序执行时,用户进行大量数据的输入/输出工作,则数据库系统的大部分时间将处于休闲状态。为了充分利用数据库资源,应该允许多个用户程序并行地存取数据库,这样就会产生多个用户程序并发地存取同一数据的情况。若对并发操作不加以控制就会存储和读取不正确的数据,从而破坏数据库的完整性（一致性）。

1. 事务

事务（Transaction）是并发控制的单位,是一个操作序列。这些操作要么都做,要么都不做,是一个不可分割的工作单位。

事务通常以 BEGIN TRANSACTION 开始,以 COMMIT 或 ROLLBACK 操作结束。COMMIT 即提交,提交事务中所有的操作,事务正常结束;ROLLBACK 即撤销已作的所有操作,回滚到事务开始时的状态。这里的操作指对数据库的更新操作。

事务和程序是两个概念，一般地讲，程序可包括多个事务。由于事务是并发控制的基本单位，所以下面的讨论均以事务为对象。

2. 数据一致性级别的概念

假设火车票订票系统是一个联机售票系统，存在多个售票网点，使用并修改同一个数据库服务器的火车票数据。下面分析火车票订票系统中多个网点同时售票的一个活动序列（表5-3）。

表 5-3   数据的不一致性

丢失修改		不能重复读取		读"脏"数据	
T_1	T_2	T_1	T_2	T_1	T_2
①读 A=20		① 读 A=50 读 B=100，求和=150		① 读 C=100 C=C*2，写回 C	
②	读 A=20	②	读 B=100 B=B*2 写回 B	②	读 C=200
③A=A-1 写回 A=19		③		③ ROLLBACK C 恢复为100	
④	A=A-1 写回 A=19	④ 读 A=50、读 B=200 求和=250（验算不对）		④	

（1）甲售票点读出某车次的车票余额 A，设 A = 20。

（2）乙售票点读出同一车次的车票余额 A，也为 20。

（3）甲售票点卖出一张车票，修改余额 $A \leftarrow A$-1。所以 A 为 19，把 A 写回数据库。同时乙售票点也卖出一张车票，修改余额 $A \leftarrow A$-1。所以 A 为 19，把 A 写回数据库。结果，卖出两张车票而余额只减少 1。

因多个事务对同一数据的交叉修改（并发操作）而引起的数据不正确或数据修改丢失就称为数据的不一致性。

上例中，因为在并发操作情况下，对甲、乙两个事务的操作序列的调度是随机的，若按上面的调度序列执行，甲事务的修改就被丢失。这是由于第（3）步中乙事务修改 A 并写回后破坏了甲事务的修改。

仔细分析并发操作，可能会产生以下几种不一致性：

- 丢失修改：两个事务 T_1 和 T_2 读入同一数据并修改，T_2 提交的结果破坏了 T_1 提交的结果，T_1 的修改被丢失。上面预订车票的例子就属此类。

- 不能重复读取：事务 T_1 读取某一数据，事务 T_2 读取并修改了同一数据，T_1 为了对读取值进行校对再读此数据，得到了不同的结果。例如 T_1 读取 B = 100，T_2 读取 B 并把 B 改为 200，T_1 再读 B 得 200，与第一次读取值不一致。

- 读"脏"数据：事务 T_1 修改某一数据，事务 T_2 读取同一数据，而 T_1 由于某种原因被撤销，则 T_2 读到的数据就为"脏"数据，即不正确的数据。例如 T_1 把 C 由 100 改为 200，T_2 读到 C 为 200，而事务 T_1 由于被撤销，其修改宣布无效，C 恢复为原值 100，而 T_2 却读到了 C 为 200，与数据库内容不一致。

3. 并发控制

并发控制就是要用正确的方式调度并发操作，避免造成数据的不一致性，使一个用户事务的执行不受其他事务的干扰。所谓调度就是指将并发操作的全部事务按某一顺序执行。并发控制中多个事务的调度方式有串行操作和并行操作两种，串行操作指多个事务一个个地顺序处理，一组事务的任意串行操作都可以保证数据的一致性。并行操作指利用分时的方法同时处理多个事务。多个事务的并发执行是正确的，当且仅当其结果与按某一次序串行地执行它们时的结果相同，可串行性是并发事务操作是否正确的判别准则。DBMS 的并发控制机制必须提供一定的手段来保证调度是可串行化的。

另一方面，对数据库的应用有时允许某些不一致性。例如，有些统计工作涉及数据量很大，读到一些"脏"数据对统计精度没什么影响，这时可以降低对一致性的要求以减少系统开销。

并发控制的主要方法是采用封锁机制。例如在订火车票例子中，若甲事务要修改 A 时，在读出 A 前先封锁 A。这时其他事务就不能读取和修改，直到甲修改并写回 A 后解除了对 A 的封锁为止，这样，就不会丢失甲的修改。

5.3.2 封锁

封锁是在事务对数据库操作之前，先对数据加锁以便获得对这个数据对象的控制，使得其他事务不能更新此数据，直到该事务解锁为止。

1. 封锁的类型

- 共享性封锁（共享锁，或称 S 锁），也称读锁（RLOCK）：若事务 T 对数据对象 A 加上 S 锁，则事务 T 可以读取 A 但不能修改 A，其他事务只能对 A 加 S 锁，而不能加 X 锁，直到 T 释放 A 上的 S 锁。这就保证了其他事务可以读 A，但在 T 释放 A 上的锁之前不能修改 A。
- 排他性封锁（排他锁，或称 X 锁）——也称写锁（WLOCK）：若事务 T 对数据对象 A 加上 X 锁，则只允许 T 读取和修改 A，其他任何事务都不能再对 A 加任何类型的锁，直到 T 释放 A 上的锁。这就保证了其他事务在 T 释放 A 上的锁之前不能再读取和修改 A。

2. 封锁类型的控制方式

封锁类型决定控制方式，用相容矩阵表示控制方式，见表 5-4。在表 5-4 中，最左列表示事务 T_1 已经获得的数据对象上的锁的类型，其中的 "—" 表示没有加锁；最上面一行表示另一事务 T_2 对同一数据对象发出的封锁请求。T_2 的封锁请求能否被满足用矩阵中的 Y 和 N 表示，其中 Y 表示事务 T_2 封锁请求与 T_1 已经获得的锁相容，封锁请求可以满足；N 表示事务 T_2 封锁请求与 T_1 已经获得的锁冲突，封锁请求被拒绝。

表 5-4　封锁类型的相容矩阵

T_1 ＼ T_2	X 锁	S 锁	—
X 锁	N	N	Y
S 锁	N	Y	Y
—	Y	Y	Y

3. 封锁机制实例

用封锁机制解决购买火车票问题，如表 5-5 所示。

表 5-5　用封锁机制解决火车票问题

数据修改后不丢失		能重复读取		不再读"脏"数据	
T_1	T_2	T_1	T_2	T_1	T_2
①X 锁→A 读 A=20		①S 锁→A S 锁→B 读 A=50、 B = 100 求和=150		①X 锁→C 读 C=100 C=C*2 写回 C	
②	请求 X 锁→A	②	请求 X 锁→B	②	请求 S 锁→C
③A=A−1 写回 A=19 提交 解锁→A	等待	③读 A、B 求和=150 解锁→A 解锁→B	等待	③回滚 C 恢复为 100	等待
④	X 锁→A 成功 读 A=19	④	X 锁→B 成功 读 B=100	④	S 锁→C 成功 读 C=100
⑤	A=A−1 写回 A=18 提交 解锁→A	⑤	B=B*2 写回 B=200 提交 解锁→B	⑤	

4．活锁与死锁

（1）活锁：某一事务的请求可能永远得不到，该事务一直处于等待状态。

解决方法：按照请求封锁的先后顺序排队，采取先来先服务策略。

（2）死锁：两个事务处于相互等待状态，永远不能结束。

解决方法：

- 将所有数据一次性加锁——降低了并发度。
- 预先规定一个封锁顺序。
- 诊断法：检测是否有死锁发生，如有则设法解除。

5.3.3　SQL Server 中的并发控制技术

事务和锁是并发控制的主要机制，SQL Server 通过支持事务机制来管理多个事务，保证数据的一致性，并使用事务日志保证修改的完整性和可恢复性。SQL Server 遵从三级封锁协议，从而有效的控制并发操作可能产生的丢失更新、读"脏"数据、不可重复读等错误。SQL Server 具有多种不同粒度的锁，允许事务锁定不同的资源，并能自动使用与任务相对应的等级锁来锁定资源对象，以使锁的成本最小化。

1．SQL Server 的事务类型

SQL Server 的事务分为两种类型：系统提供的事务和用户定义的事务。系统提供的事务是指在执行某些语句时，一条语句就是一个事务，它的数据对象可能是一个或多个表(视图)，可能是表(视图)中的一行数据或多行数据；用户定义的事务以 BEGIN TRANSACTION 语句开始，以 COMMIT(事务提交)或 ROLLBACK(回滚)结束。对于用户定义的分布式事务，其操作会涉及到多

个服务器，只有每个服务器的操作都成功时，其事务才能被提交。否则，即使只有一个服务器的操作失败，整个事务就只有回滚结束。

2. SQL Server 锁的粒度和类型

（1）SQL Server 锁的粒度

锁是为防止其他事务访问指定的资源，实现并发控制的主要手段。要加快事务的处理速度并缩短事务的等待时间，就要使事务锁定的资源最小。SQL Server 为使事务锁定资源最小化提供了多粒度锁。

- 行级锁：表中的行是锁定的最小空间资源。行级锁是指事务操作过程中，锁定一行或若干行数据。
- 页和页级锁：在 SQL Server 中，除行外的最小数据单位是页。一个页有 8KB，所有的数据、日志和索引都放在页上。为了管理方便，表中的行不能跨页存放，一行的数据必须在同一个页上。页级锁是指在事务的操作过程中，无论事务处理多少数据，每一次都锁定一页。
- 簇和簇级锁：页之上的空间管理单位是簇，一个簇有 8 个连续的页。簇级锁指事务占用一个簇，这个簇不能被其他事务占用。簇级锁是一种特殊类型的锁，只用在一些特殊的情况下。例如在创建数据库和表时，系统用簇级锁分配物理空间。由于系统是按照簇分配空间的，系统分配空间时使用簇级锁，可防止其他事务同时使用一个簇。
- 表级锁：表级锁是一种主要的锁。表级锁是指事务在操纵某一个表的数据时锁定了这些数据所在的整个表，其他事务不能访问该表中的数据。当事务处理的数量比较大时，一般使用表级锁。
- 数据库级锁：数据库级锁是指锁定整个数据库，防止其他任何用户或者事务对锁定的数据库进行访问。这种锁的等级最高，因为它控制整个数据库的操作。数据库级锁是一种非常特殊的锁，它只用于数据库的恢复操作。只要对数据库进行恢复操作，就需要将数据库设置为单用户模式，防止其他用户对该数据库进行各种操作。

（2）SQL Server 锁的类型及其控制

SQL Server 的基本锁是共享锁（S 锁）和排他锁（X 锁）。除基本锁之外，还有三种特殊锁：意向锁、修改锁和模式锁，这几种锁由 SQL Server 系统自动控制，故不作详细介绍。

一般情况下，SQL Server 能自动提供加锁功能，不需要用户专门设置，这些功能表现在：

- 当用 SELECT 语句访问数据库时，系统能自动用共享锁访问数据；在使用 INSERT、UPDATE 和 DELETE 语句增加、修改和删除数据时，系统会自动给使用数据加排他锁。
- 系统用意向锁使锁之间的冲突最小化。意向锁建立一个锁机制的分层结构，其结构按行级锁层、页级锁层和表级锁层设置。
- 当系统修改一个页时，会自动加修改锁。修改锁与共享锁兼容，而当修改了某页后，修改锁会上升为排他锁。
- 当操作涉及参照表或索引时，SQL Server 会自动提供模式锁和修改锁。

不同的 DBMS 提供的封锁类型、封锁协议、封锁粒度和达到的系统一致性级别不尽相同，但其依据的基本原理和技术是共同的。

SQL Server 2000 能自动使用与任务相对应的等级锁来锁定资源对象,以使锁的成本最小化。所以,用户只需要了解封锁机制的基本原理,使用中不涉及锁的操作。也可以说,SQL Server 2000 的封锁机制对用户是透明的。

5.4 数 据 恢 复

尽管系统中采取了各种保护措施来防止数据库的安全性和完整性被破坏,保证并行事务的正确执行,但是计算机系统中硬件的故障、软件的错误、操作员的失误以及故意的破坏仍是不可避免的。这些故障,轻则造成正在运行的事务非正常的中断,影响数据库中数据的正确性;重则破坏数据库,使数据库中全部或部分数据丢失,因此数据库管理系统必须具有把数据库从错误状态恢复到某一已知的正确状态(亦称为完整状态或一致状态)的功能,这就是数据库的恢复。恢复子系统是数据库管理系统的一个重要组成部分,而且相当庞大,常常占整个系统代码的百分之十以上(如 SQL Server、DB2)。故障恢复是否考虑周到和行之有效,是数据库系统性能的一个重要指标。

5.4.1 故障的种类

数据库系统中可能发生各种各样的故障,大致可以分以下几类:

1. 事务内部的故障

事务内部的故障有的是可以通过事务程序本身发现的,有的是非预期的,不能由事务程序处理。

事务内部更多的故障是非预期的,是不能由应用程序处理的。如运算溢出、并行事务发生死锁而被选中撤销该事务等,以后,事务故障仅指这一类故障。

事务故障意味着事务没有到达预期的终点(COMMIT 或者显式的 ROLLBACK),因此,数据库可能处于不正确状态。系统就要强行回滚此事务,即撤销该事务已经作出的任何对数据库的修改,使得该事务好像根本没有启动一样。

2. 系统范围内的故障

系统故障是指造成系统停止运转的任何事件,使得系统要重新启动。例如 CPU 故障、操作系统故障、突然断电等。这类故障影响正在运行的所有事务,但不破坏数据库。这时主存内容,尤其是数据库缓冲区(在内存)中的内容都被丢失,使得运行事务都非正常终止,从而造成数据库可能处于不正确的状态,恢复子系统必须在系统重新启动时让所有非正常终止的事务回滚,把数据库恢复到正确的状态。

3. 介质故障

系统故障常称为软故障(soft crash),介质故障称为硬故障(hard crash)。硬故障指外存故障,如磁盘的磁头碰撞、瞬时的强磁场干扰。这类故障将破坏数据库或部分数据库,并影响正存取这部分数据的所有事务,这类故障比前两类故障发生的可能性小得多,但破坏性最大。

4. 计算机病毒

计算机病毒是一种人为的故障或破坏,是一些恶作剧者研制的一种计算机程序,这种程序与其他程序不同,它像微生物学所称的病毒一样可以繁殖和传播,并造成对计算机系统包括数据库的危害。

病毒的种类很多，目前世界上发现的病毒及其变种数量已近 5 万种。不同病毒有不同的特征，小的病毒只有 20 条指令，不到 50 字节；大的病毒像一个操作系统，由上万条指令组成。目前，绝大多数病毒都是在 IBM PC 和其兼容机之间传播的。

有的病毒传播很快，一旦侵入就马上摧毁系统；有的病毒有较长的潜伏期，机器在感染后两三年才开始发病；有的病毒感染系统所有的程序和数据；有的只对某些特定的程序和数据感兴趣。多数病毒一开始并不摧毁整个计算机系统，它们只在数据库中或其他数据文件中将小数点向左或向右移一移，增加或删除一两个 0。

计算机病毒已成为计算机系统的主要威胁，自然也是数据库系统的主要威胁，为此计算机的安全工作者已研制了许多查杀病毒软件、安全"疫苗"。但是，至今还没有一种使得计算机能够"终身"免疫的疫苗。因此数据库一旦被破坏仍要用恢复技术把数据库恢复。

总结各类故障，对数据库的影响有两类，一是数据库本身被破坏，二是数据库没有破坏，但数据可能不正确，这是由于事务的运行被中止造成的。

数据恢复的基本原理十分简单，采用的主要技术手段是冗余，这就是说，数据库中任何一部分的数据都可以根据存储在系统别处的冗余数据来重建。尽管恢复的基本原理很简单，但实现技术的细节却相当复杂。下面我们将略去许多细节，介绍目前数据库系统中最常用的两种方法：转储和登记日志文件。

5.4.2 转储和恢复

1. 什么是转储和恢复

转储是数据库恢复中采用的基本技术。所谓转储即 DBA（数据库管理员）定期地将整个数据库复制到磁带或另一个磁盘上保存起来的过程。这些备用的数据文本称为后备副本或后援副本。

恢复即当数据库遭到破坏后可以利用后备副本把数据库恢复，这时，数据库只能恢复到转储时的状态，从那以后的所有更新事务必须重新运行才能恢复到故障时的状态。

转储是十分耗费时间和资源的，不能频繁进行，DBA 应该根据数据库的使用情况确定一个适当的转储周期。

2. 转储的分类

转储分为静态转储、动态转储、海量转储和增量转储 4 类。

- 静态转储：指转储期间不允许（或不存在）对数据库进行任何存取或修改活动。静态转储简单，但转储必须等待用户事务结束才能进行；同样，新的事务必须等待转储结束才能执行。显然，这会降低数据库的可用性。
- 动态转储：指转储期间允许对数据库进行存取或修改，即转储和用户事务可以并发执行。动态转储可克服静态转储的缺点，但是，转储结束时后援副本上的数据并不能保证正确有效。例如，在转储期间的某时刻 T_1 系统把数据 $A=100$ 转储到了磁带上，而在时刻 T_2，某一事务对 A 进行了修改使 $A=200$。转储结束，后援副本上的 A 已是过时的数据了。为此，必须把转储期间各事务对数据库的修改活动登记下来，建立日志文件（log file）。这样，后援副本加上日志文件就能把数据库恢复到某一时刻的正确状态。
- 海量转储：海量转储是指每次转储全部数据库。
- 增量转储：增量转储指每次只转储上次转储后更新过的数据。如果数据库很大，事务处理又十分频繁，则增量转储方式是很有效的。

5.4.3 日志文件

日志文件是用来记录对数据库每一次更新活动的文件。在动态转储方式中必须建立日志文件，后援副本和日志文件综合起来才能有效地恢复数据库。在静态转储方式中，也可以建立日志文件，当数据库被破坏后可重新装入后援副本把数据库恢复到转储结束时的正确状态，然后利用日志文件，把已完成的事务进行重做处理，对故障发生时尚未完成的事务进行撤销处理。这样不必重新运行那些已完成的事务程序就可把数据库恢复到故障前某一时刻的正确状态。

下面介绍如何登记日志文件以及发生故障后如何利用日志文件恢复事务。

1. 登记日志文件（logging）

事务在运行过程中，系统把事务开始、事务结束（包括 COMMIT 和 ROLLBACK）以及对数据库的插入、删除、修改等每一个操作作为一个登记记录（log 记录）存放到日志文件中。每个记录包括的主要内容有：执行操作的事务标识、操作类型、更新前数据的旧值（对插入操作而言此项为空值）、更新后的新值（对删除操作而言此项为空值）。

登记的次序严格按并行事务操作执行的时间次序，同时遵循"先写日志文件"的规则。我们知道写一个修改到数据库中和写一个表示这个修改的 log 记录到日志文件中是两个不同的操作，有可能在这两个操作之间发生故障，即这两个操作只完成了一个，如果先写了数据库修改，而在运行记录中没有登记下这个修改，则以后就无法恢复这个修改。因此为了安全应该先写日志文件，即首先把 log 记录写到日志文件上，然后写数据库的修改。这就是"先写日志文件"的原则。

2. 用日志文件恢复事务

利用日志文件恢复事务的过程分为两步：

（1）从头扫描日志文件，找出哪些事务在故障发生时已经结束（这些事务有 BEGIN TRANSACTION 和 COMMIT 记录），哪些事务尚未结束（这些事务只有 BEGIN TRANSACTION 记录，无 COMMIT 记录）。

（2）对尚未结束的事务进行撤销（也称为 UNDO）处理。进行 UNDO 处理的方法是，反向扫描日志文件，对每个 UNDO 事务的更新操作执行反操作。即对已经插入的新记录执行删除操作，对已删除的记录重新插入，对修改的数据恢复旧值（用旧值代替新值）。

对已经结束的事务进行重做（REDO）处理。进行 REDO 处理的方法是，正向扫描日志文件，重新执行登记的操作。

对于非正常结束的事务显然应该进行撤销处理，以消除可能对数据库造成的不一致性。对于正常结束的事务进行重做处理也是需要的。这是因为虽然事务已发出 COMMIT 操作，但更新操作有可能只写到了数据库缓冲区（在内存），还没有来得及物理的写到数据库中（外存）便发生了系统故障，数据库缓冲区的内容被破坏，这种情况仍可能造成数据库的不一致性。由于日志文件上事务的更新活动已完整地登记下来，因此可以重做这些操作而不必重新运行事务程序。

5.4.4 用转储和日志文件恢复数据库

利用转储和日志文件可以有效的恢复数据库，当数据库本身被破坏时（如硬故障和病毒破坏），可重装转储的后备副本，然后运行日志文件，执行事务恢复，这样就可以重建数据库。

当数据库本身没被破坏，但内容已经不可靠时（如发生事务故障和系统故障）可利用日志文件恢复事务，从而使数据库回到某一正确状态，这时不必重装后备副本。前一种情况需要 DBA 执行恢复过程，后一种情况一般无需 DBA 介入而由系统自动执行。

5.4.5　SQL Server 中的数据备份和恢复技术

SQL Server 是一种高效的网络数据库管理系统，它具有比较强大的数据备份和恢复功能。用户可以通过企业管理器，也可以使用 Transact-SQL 语句进行数据备份和数据恢复。

1. 使用企业管理器备份数据库

（1）在企业管理器中选择服务器组，选择指定的服务器，选择"管理"内容。

（2）右击【备份】命令，在弹出的快捷菜单中选择【备份数据库】选项，打开"SQL Server 备份"对话框。如图 5-3 所示。

（3）在【常规】选项中，选择备份数据库的名称、备份操作的名称和描述信息、备份类型（第一次备份只有"数据库 - 完全"可选）；在"目的"选项区的"备份到"一栏，可以选择用于备份的介质，单击【添加】按钮可以添加备份文件或设备，如图 5-4 所示；【追加到媒体】选项表示将备份内容添加到当前备份之后，【重写现有媒体】选项表示备份内容将覆盖原有的备份文件；【调度】选项用来规定备份的执行时间，调度复选框使其不立即执行备份操作，而是按计划执行数据库的备份。单击浏览按钮▢可以编辑调度信息，如图 5-5 所示。

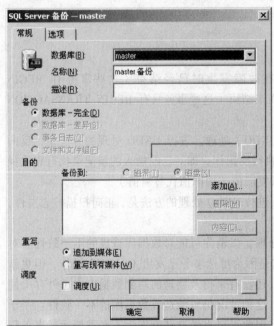

图 5-3　"SQL Server 备份"对话框

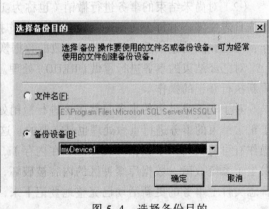

图 5-4　选择备份目的

（4）选择【选项】选项卡，如图 5-6 所示。这里可以进行附加的设置。如：

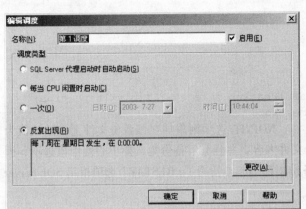

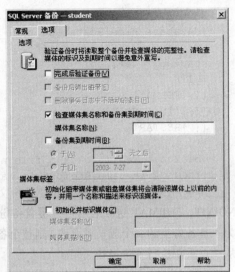

图 5-5 "编辑调度"对话框　　　　　图 5-6 "SQL Server 备份"选项卡

- "完成后验证备份"：指定完成后验证备份的媒体完整性。
- "备份后弹出磁带"：备份完成后弹出备份媒体磁带。
- "删除事务日志中不活动的条目"：备份完成时从事务日志中删除所有已完成事务的条目。
- "检查媒体集名称和备份集到期时间"：在重写媒体之前检查媒体集名称和备份集到期时间。
- "媒体集名称"：指定在重写媒体之前媒体必须具有的媒体集名称。
- "备份集到期时间"：设置备份集到期条件。SQL Server 仅利用媒体上第一次备份集的备份到期信息来决定是否重写整个媒体。可以规定备份集在数天后或在指定的日期后到期。
- "初始化并标识媒体"：抹去媒体所有内容和任何以前的媒体标题信息。初始化媒体时，不检验备份集到期时间和媒体集名称。
- "媒体集名称"：输入媒体名。
- "媒体集描述"：输入媒体描述。

（5）设置好所需选项后单击【确定】按钮，如果没有选择"调度"备份，则备份立刻开始，如图 5-7 所示。最后提示备份结束，如图 5-8 所示。

图 5-7 备份进程　　　　　　　图 5-8 备份结束

2. 使用 T-SQL 语句备份数据库

Transact-SQL 语句提供了 BACKUP 语句执行备份操作，BACKUP 其语法形式如下：

```
BACKUP DATABASE
{database_name|@database_name_var}
TO
<backup_file>[,…n]
[WITH
[[,]FORMAT]
[[,]{INIT|NOINIT}]
[[,]RESTART]
]
<backup_file>::={backup_file_name|@backup_file_evar}|{disk|tape|pipe}
={temp_file_name|@temp_file_name_evar}
```

其中，INIT 选项表示将覆盖原备份文件；NOINIT 选项则附加在该备份文件上；默认值为 NOINIT。FORMAT 选项表示可以覆盖备份文件内容，并且分解备份集，要小心使用该选项，因为一旦备份集的一个成员被更改，则整个备份集都不能再使用了；RESTART 选项指定 SQL Server 从断点重新执行备份操作。

3. 使用企业管理器恢复数据库

（1）在企业管理器中选择服务器组，选择指定的服务器，选择"数据库"内容。

（2）右击指定的数据库，在弹出的快捷菜单中选择【所有任务】选项，再选择【还原数据库】命令，弹出还原数据库对话框，如图 5-9 所示。

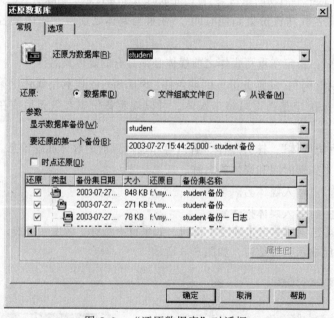

图 5-9　"还原数据库"对话框

（3）在"还原为数据库"旁的下拉列表中选择要恢复的数据库（如果想要还原产生一个新的数据库则在此处直接输入数据库名称），在"还原"单选按钮组中通过单击单选按钮来选择相应的还原方式。默认情况下选择第一种方式，此方式要求要恢复的备份必须在 msdb 数据库中保存了备份历史记录。在将一个服务器上制作的数据库备份恢复到另一个服务器上时，因在目标服务器的 msdb 数据库中没有相关记录，不能使用数据库恢复方式，而只能使用【从设备】方式。

（4）在参数栏中，在【显示数据库备份】旁的下拉列表中选择数据库，如果该数据库已经执行了备份，那么在备份列表框中就会显示备份历史。从【要还原的第一个备份】旁的下拉列表中选择要使用哪一个备份来恢复数据库，在默认情况下使用最近的一次备份。

（5）在备份列表框中选中要恢复的备份，方法是单击以选中"还原"列的选择方框。（在"类型"列显示的图标反映了备份的类型，其中图标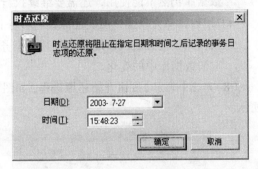表示完全备份，图标表示差异备份，图标表示事务日志备份。）

图 5-10 指定时点还原时间

（6）如果上一步中选择了事务日志备份，那么可以选中"时点还原"复选按钮，指定恢复在某一时间以前的事务日志。如图 5-10 所示。

（7）选择【选项】选项卡，根据需要进行其他选项的设置，如图 5-11 所示。

其中：

● "在还原每个备份后均弹出磁带"：表示如果使用磁带进行恢复，在恢复完成后，从磁带机中弹出磁带。

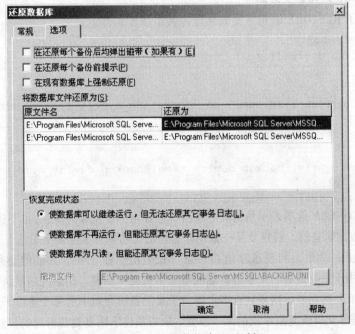

图 5-11 "还原数据库"对话框

● "在还原每个备份前提示"：表示在恢复每个备份之前，系统提示将恢复的备份信息。

● "在现有数据库上强制还原"：表示要恢复的数据库已经存在时，使用恢复数据覆盖已经存在的数据库。

● "将数据库文件还原为"列表框：指定将要还原的数据库文件的名称和位置。

● "使数据库可以继续运行，但无法还原其他事务日志"：表示这是最后一次恢复，执行完这次恢复后，不能再恢复其他的事务日志，数据库已经可以使用。

- "使数据库不再运行，但能还原其它事务日志"：表示不是最后一次恢复，恢复完成后，数据库仍然不能使用，还需要继续执行恢复。
- "使数据库为只读，但能还原其它事务日志"：表示恢复完成后，该数据库只能作为只读数据库，而且还可以继续恢复其他事务日志。此时可以指定一个撤销文件，可以用它来取消数据库中的变化。

（8）单击【确定】按钮开始还原进程，如图 5-12 所示，最后出现还原完成提示框，如图 5-13 所示。

图 5-12　还原进程

图 5-13　还原完成

4. 使用 T-SQL 语句恢复数据库

T-SQL 提供了 RESTORE 语句恢复数据库，其语法形式如下：

```
RESTORE   DATABASE
[FROM <backup_device[],…n>]
[WITH
[[,]FILE=file_number]
[[,]MOVE 'logical_file_name' to 'operating_system_file_name']
[[,]REPLACE]
[[,]{NORECOVERY|RECOVERY|STANDBY=undo_file_name}]
]
<backup_device>::={{backup_device_name|@backup_device_name_evar}
|{disk|tape|pipe}
={temp_backup_device|@temp_backup_device_var}
```

其中，NORECOVERY 选项表示系统既不取消事务日志中未完成的事务，也不提交完成的事务，它用于恢复多个数据库备份。若恢复某一数据库备份后又将恢复多个事务日志，或在恢复过程中执行多个 RESTORE 命令，则要求除最后一条 RESTORE 命令外，其他的必须使用该选项。RECOVERY 选项用于恢复最后一个事务日志或者完全数据库恢复，是系统的默认值，可以保证数据库的一致性。FILE 选项表示恢复具有多个备份子集的备份介质中的那个备份子集。MOVE 选项表示把备份的数据库文件恢复到系统的某一位置。缺省条件下恢复到备份时的位置。REPLACE 选项表示如果恢复的数据库名称与已存在的某一数据库重名，则首先删除原数据库，然后重新创建。

本 章 小 结

数据的安全性是数据库的一个重要指标，它是保护数据以防止不合法的使用所造成的数据泄漏、更改和破坏的有效手段。保证数据安全性的主要措施有用户标识与鉴别、存取控制等安全措施。

数据库的完整性控制包括完整性约束的定义及其对完整性约束的检查和处理。当对数据库进行更新操作时，系统会检查用户的操作是否违反了完整性约束，若违反了完整性约束，就采取一定的措施来保证数据的完整性。

数据的安全性和完整性是两个不同的概念，学习时应注意加以区别。

数据库并发控制的最小单位是事务，也是数据库中的一个重要概念。应掌握事务的定义、特性和调度方式，以及事务并发执行所带来的三个问题：丢失修改、不能重复读取、读"脏"数据。解决这些问题的方法是封锁。封锁分为排他锁和共享锁，在封锁的过程中可能发生活锁和死锁现象。对这些基本概念应加深理解。

数据库系统在运行过程中会遇到各种故障，主要包括事物内部的故障、系统范围内的故障、介质故障和计算机病毒。可采取的主要恢复技术有转储和登记日志文件。

课 后 练 习

1. 叙述实现数据库安全性控制的常用方法和技术。
2. 举例说明数据库的安全控制方法。
3. 什么是数据库的完整性？
4. 说明数据的完整性与安全性的不同。
5. 简述值的约束和结构的约束的概念，并举例说明。
6. 简述动态约束和静态约束的概念，并举例说明。
7. 简述事务的定义、特性和调度方式。
8. 简述排他锁和共享锁的概念。
9. 练习分别使用企业管理器、T-SQL 语句对一个已知数据库进行完全数据库的备份和恢复。

第 **6** 章

数据库系统设计

本章要点

数据库设计是建立数据库及其应用系统的关键，是信息系统开发和建设中的核心技术。本章主要按照软件工程的方法介绍数据库系统设计的基本过程和包含的设计内容，通过本章的学习，读者应掌握以下内容：

- 数据库结构的设计方法、内容和步骤
- 应用程序的结构设计
- 数据库系统技术文档的编写

6.1 数据库设计概述

数据库设计指的是对于一个给定的应用环境，构造一个最优的数据库模式，并据此建立既能有效、安全、完整地存储大宗数据的数据库，又能满足多个用户的信息要求和处理要求的应用系统。

在数据库领域内，常把使用数据库的各类系统称为数据库应用系统。

6.1.1 数据库系统设计内容

数据库设计包含两方面的内容。

1. 结构特性设计

结构特性设计通常是指数据库模式或数据库结构设计，它应该具有最小冗余的、能满足不同用户数据需求的、能实现数据共享的系统。数据库结构特性是静态的，一旦形成轻易不再变动。但由于用户的需求可能会不断的更新变化，在设计时应考虑今后需求，留有扩充余地，使系统容易改变。

2. 行为特性设计

行为特性设计是指应用程序、事物处理的设计。用户通过应用程序访问和操作数据库，用户的行为和数据库结构紧密相关。

6.1.2 数据库设计特点

数据库设计是一项综合性技术。"三分技术，七分管理，十二分基础数据"是数据库建设的基本规律。数据库设计的特点是：

- 硬件、软件和管理界面相结合。
- 结构设计和行为设计相结合。

6.2 数据库设计步骤

按照软件工程要求的规范化设计方法，一般将数据库设计分为 6 个阶段，如图 6-1 所示。

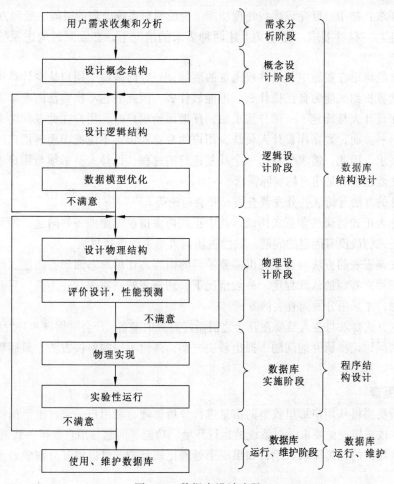

图 6-1 数据库设计步骤

6.3 数据库结构设计

数据库结构设计通常分为 4 个阶段进行，每一阶段都有具体的目标和设计过程。这 4 个阶段是需求分析、概念结构设计、逻辑结构设计和物理设计。下面通过"图书借阅管理系统"实例分别介绍这 4 个阶段。关于数据库的实现将在第 8 章介绍。

6.3.1 需求分析

需求分析的目标是准确了解系统的应用环境，了解并分析用户对数据及数据处理的需求。它是整个设计过程中最重要的一步，是后面各阶段的基础。需求分析的进行过程一般如下所述。

1. 收集需求信息

收集信息由数据库设计人员和用户共同完成，这里必须有用户的参与。在一些计算机技术应用不是很广泛的用户单位，数据库设计人员还应帮助用户分析他的具体需求。一般来讲，用户对数据库的要求如下：

- 信息需求：指用户需要从数据库中所获得信息的内容与性质。
- 处理需求：指用户要完成哪些处理功能，应说明对系统处理的时间、处理方式的要求。
- 安全性与完整性要求：在定义上述两种需求的情况下，必须同时考虑系统的安全性和完整性要求。

用户需求的确定在实施中是一件很困难的事情，一方面是由于用户缺少计算机知识，开始时无法确定计算机到底能为自己做什么，不能做什么。因此表达不出自己的准确需求，而且往往是当数据库设计人员确定了一部分需求后，反馈回给用户时，用户在此基础之上又产生新的需求变化。另一方面，数据库设计人员缺少用户的专业知识，不能准确理解用户的需求，甚至误解用户的需求。因此，需求分析是一个反复进行的过程，设计人员必须与用户进行深入、细致的交流，才能逐步满足用户的实际需求。

收集信息的方法有访谈、分发调查表、开会讨论等。

访谈又分为正式访谈和非正式访谈，其中正式访谈指事先要准备好问题，询问用户，由用户解答；非正式访谈没有固定的问题，鼓励被访问人员主动表达想法。

采用分发调查表的方法时，要列出需要了解的内容，让用户书面回答问题。调查表方式的准确性取决于用户答题的认真程度。一般情况下，调查表的回收率往往不高，只有在需要做大量调查研究时，才采用分发调查表的方式。

开会讨论方式要求与会人员要在开会之前做好充分的准备，开会时用户和开发机构人员（系统分析员）共同讨论要研究的问题，提出解决方案，商讨不同的解决方法，最后确定系统的基本需求。

2. 分析整理

系统分析员要将从用户那里收集的信息进行分析整理，和用户一起，澄清模糊要求，删除不合理要求、改正错误的要求，对系统的运行环境、功能等问题与用户取得一致意见。

分析要从用户的处理需求入手，如果一个处理比较复杂，可以将其分解成若干个子处理进行。

下面是"图书借阅管理系统"的用户需求分析。

以某大学的图书馆为例，其馆藏量为 250 多万册，另有 300 多万册的电子资源，该大学在校生（包括本专科学生和研究生）共计 3 万多人，教职员工 5000 多人，每天都有数以千计的图书从图书馆借出或归还，这些丰富的图书资源为学校的教学和科研工作带来了极大的方便，但是一个突出的问题出现在人们的面前：如何有效的管理这些庞大的资源？从而更大程度的有效利用这些资源，为学校的科研和教学工作服务。

因此，对目前图书管理中存在的问题进行了分析，并提出了正确的图书管理方案，进而开发了图书信息管理系统。那么图书信息管理系统应该包括如下主要功能：

（1）读者管理功能

读者管理模块主要完成的功能是：实现读者信息的增、删、改以及对读者信息的正确查询和读者对图书信息的正确查询。读者通过查询读者借阅信息表，可以了解自己当前的借阅信息，包括借阅的图书、归还的日期、预订的图书信息、超期的罚款金额等。系统管理员通过对读者信息的查询，可以获得大量的读者信息，从而完成对读者的管理。

（2）图书管理功能

图书管理模块主要完成的是对图书馆图书信息的管理，此模块的成功完成要依靠系统管理员对图书信息的一系列操作，包括增加新的图书、删除旧的书目、维护图书信息、更新图书信息、对遗失图书信息的即时更新等一系列功能。

（3）图书借阅功能

图书借阅功能模块中主要应包括：读者借阅图书、读者归还图书、读者预订图书、图书取消预订四个功能。借书过程中的借书许可检查，如借阅数量是否超限、是否有过期书、借阅证是否挂失等。还书时检查图书是否过期以及计算罚款金额等。

（4）系统参数设置

不同角色的读者的借阅数量上限，过期罚款的基数（元/天/本）。

（5）操作员权限设置

进入系统的用户及权限管理（安全条件设置）。

（6）其他功能

一个完善的图书信息管理系统还应该包括其他若干功能，比如说报表打印、常用工具、读者留言、友情链接等。报表打印功能主要完成打印各种报销和各种凭条。如某位读者的书刊到期，但他还没有及时归还，通过打印特定的凭条，向读者催还图书；或者某位读者归还的图书超期，系统可以打印出相应的图书超期罚金凭单。常用工具主要包括下载一些常用的电子图书阅览工具和其他一些常用的软件资源。读者留言模块主要给读者发表意见和提出建议提供一个平台，这也是为了更好的进行读者和系统管理员（图书馆工作人员）之间的一个互动，从而提高图书管理的服务质量。友情链接中提供了国家或其他大学的相关图书管理系统，以此实现资源的共享，方便读者进行更大范围和便捷地查询。

3. 数据流图

数据库设计中采用数据流图（data flow diagram，DFD）来描述系统的功能。数据流图使用图形方式表示数据在系统中的流动变化情况，即使非计算机专业人员也很容易理解，是系统设计人员和用户交流的极好的工具。设计数据流图时只需考虑软件必须完成的基本功能，完全不用考虑如何具体地实现这些功能。

DFD 一般由下面的 4 个基本要素构成：

- ➡ ：数据及其流动方向，直线上方标明数据流名称。
- ○：数据处理，表示对数据的加工变换，圆圈内标明处理名称。
- □：数据的源点和终点，表示系统中数据的来源和去向，方框内标明相应的名称。
- ▭：文件和数据存储，表示数据的静态形式，在其内标明相应名称。

数据流图的表示方法不是唯一的，软件系统如果功能较多，可以采用分层的方法绘制数据流图，顶层数据流图描述系统的总体概貌，描述系统的主要关键功能，每一个关键功能分别用数据流图适当的描述。

如图书借阅管理过程的顶层数据流图和分层数据流图分别见图 6-2～图 6-4 所示。

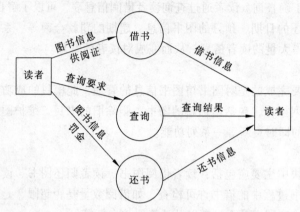

说明：
图书信息：图书编号+书名+作者+出版社+价格+出版日期+是否借出+是否预定
借阅证：读者编号+读者姓名+读者类型+限借数量+已借数量

图 6-2　图书借阅管理顶层数据流图

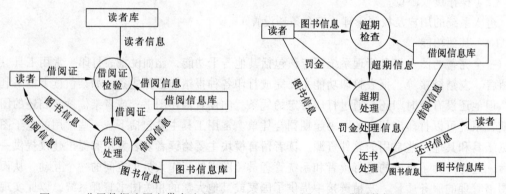

图 6-3　分层数据流图之借书流程　　　图 6-4　分层数据流图之还书流程

4. 数据字典

数据字典（data dictionary，DD）用于记载系统中的各种数据、数据元素以及它们的名字、性质、意义及各类约束条件，记录系统中用到的常量、变量、数组及其他数据单位，是系统开发与维护中不可缺少的重要文件。数据字典是关于数据库中数据的一种描述，而不是数据本身。数据字典是在需求分析阶段建立，在数据库设计过程中不断修改、充实、完善的。

数据字典产生于数据流图，是对数据流图中的 4 种成分（数据流、数据项、数据存储和数据处理）描述的结果。其中：

- 数据流描述：定义数据流的组成，一般包含若干数据项，通常在数据流图的下方通过"说明"定义，如图 6-2 所示。
- 数据存储描述：定义数据的组成以及数据的组织方式，如借阅信息数据可用下面方法描述：借阅信息=读者编码+图书编码+借阅日期+还书日期。

- 数据项描述：定义数据项，一般包括名称、类型长度、允许范围等。如付款信息数据文件中的数据项，可通过表 6-1 的表格形式描述。对于数据项的组成规则需要特别描述，如，读者编码=入学年份（2 位）+系别编码（1 位）+专业编码（1 位）+[班级编码（1 位|教工编码（1 位）]+顺序号（2 位）。

- 数据处理的描述：说明数据处理的逻辑关系，即输入与输出之间的逻辑关系。同时，也要说明数据处理的触发条件、错误处理等问题。注意，对于处理的描述，只说明处理功能"处理什么"，不说明"如何处理"。

表 6-1 数据项描述条目

数据项名称	类　　　型	长度（字节）	范　　　围
图书编号	字符	10	
图书作者	字符	30	
图书书名	字符	20	
出版社	字符	30	任意日期
出版日期	日期	8	任意日期
图书价格	数字	5	大于 0 的数
是否预定	字符	10	
是否借出	字符	10	

对数据流图中的每一个信息都应该使用数据字典进行解释。读者可以自行尝试，在此不再赘述。

经过上面这 4 步的需求分析后，解决了系统设计中的"做什么"，下面是解决"如何做"的问题。

6.3.2　概念结构设计

概念结构的目标是将需求分析得到的用户需求抽象为数据库的概念结构，即概念模式。描述概念模式的是 E-R 图。我们在第 1 章已经讨论过 E-R 模型，这里用它表示数据库概念模型。概念结构设计分为局部 E-R 模型设计和总体 E-R 模型设计。

1. 局部 E-R 模型设计

局部 E-R 模型设计是从数据流图和数据字典出发确定实体和属性,并根据数据流图中表示的对数据的处理确定实体之间的联系。如图 6-5 所示。

2. 总体 E-R 模型设计

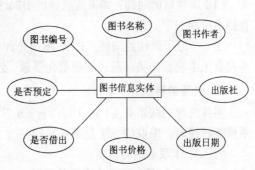

图 6-5　图书信息 E-R 图

将各个局部 E-R 图加以综合，使同一个实体只出现一次，便可产生总体 E-R 图。将图 6-5、6-6、6-7 三个局部 E-R 图综合，将图 6-5 和图 6-7 中的图书信息实体合并，将图 6-6 和图 6-7 中的读者信息实体合并，即得到图书借阅管理系统的总体 E-R 模型。

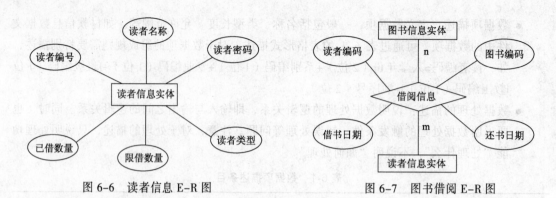

图 6-6　读者信息 E-R 图

图 6-7　图书借阅 E-R 图

6.3.3　逻辑结构设计

概念设计的结果得到一个与计算机软硬件具体性能无关的全局概念模式。数据库的逻辑结构设计的目标就是将概念结构转换成特定的 DBMS 所支持的数据模型的过程。从理论上看，逻辑结构设计应选择最适合于相应概念结构的数据模型，然后对支持这种数据模型的各种 DBMS 进行比较，选择出最合适的 DBMS。但在实际的数据库系统设计中，往往是指定了某种 DBMS，要求设计人员在此 DBMS 上设计数据库结构。所以逻辑设计阶段一般分三个过程进行：

* 将概念结构转换为一般的关系模型、网状模型和层次模型。
* 将由概念结构转换来的模型向所选用 DBMS 支持的数据模型转换。
* 对数据模型进行优化。

对数据模型进行优化时主要根据关系的规范化原则，但也不能完全拘泥于范式，不同的应用系统可能有不同的要求，应当具体情况具体分析。

下面简单讨论 E-R 图向关系模型的转换方法。

E-R 图转换为关系模型，总的原则是图中的实体和联系转换成关系，属性转换成关系的属性。

1. 实体转换成关系

实体转换成关系很简单，实体的名称即是关系的名称，实体的属性即是关系的属性，实体的主键就是关系的主键。转换时需要注意以下几点：

（1）属性域的问题：如果所选择的 DBMS 不支持 E-R 图中某些属性域，则应作相应的修改，否则由应用程序处理转换。

（2）非原子属性的问题：E-R 图中允许非原子属性，这不符合关系模型的第一范式的规范化要求，必须作相应修改。

2. 联系的转换

实体之间的联系有 $1:1$、$1:n$、$m:n$ 三种，它们在向关系模型转换时，采取的方法是不一样的。

（1）$1:1$ 联系的转换

$1:1$ 联系原则上可以将联系的属性并入它所联系的任一实体，并将另一端实体的主键作为并入端的外部键，或者将联系单独成立一个关系，将两端实体的主键属性加入进来。

【例 6.1】在某工厂，车间和生产的产品之间是 $1:1$ 联系，如图 6-8 所示。

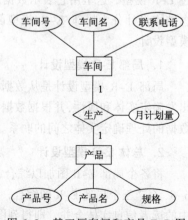

图 6-8　某工厂车间和产品 E-R 图

解决方法有三：

方法一：将联系属性放入车间实体，并将产品号增加进来，以体现实体之间的联系：

车间（<u>车间号</u>，车间名，联系电话，产品号，月计划量）

产品（<u>产品号</u>，产品名，规格）

方法二：将联系属性放入产品实体，并将车间号增加进来，以体现实体之间的联系：

车间（<u>车间号</u>，车间名，联系电话）

产品（<u>产品号</u>，产品名，规格，月计划量，车间号）

方法三：联系单独成立一个关系，将两端实体的主键属性增加进来作为组合主键：

车间（<u>车间号</u>，车间名，联系电话）

产品（<u>产品号</u>，产品名，规格）

生产（<u>车间号</u>，<u>产品号</u>，月计划量）

在实际使用中，要根据实际情况来衡量哪种方法更好。在"方法三"中关系更加明了，但是在做数据查询时需要进行三元连接，而前两种方法只需做二元连接。因此应尽量选择前两种方案。

（2）1：n 联系的转换

对于实体之间的 1：n 联系，则在 n 端实体转换成的关系中加入 1 端实体的主键属性（作为外键）和联系的属性。

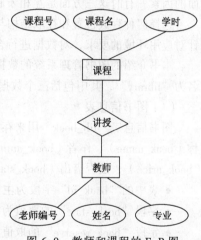

【例 6.2】 某高校规定 1 位教师可以同时讲授多门课程，而任一门课程只能由一位教师承担，因此，教师和课程之间的讲授关系为 1：n 关系，如图 6-9 所示。

根据转换规则，可将课程和教师的 E-R 图转换为如下两个关系：

教师（<u>教师编号</u>，姓名，专业）

课程（<u>课程号</u>，课程名，学时，教师编号）

（3）m：n 联系的转换

图 6-9 教师和课程的 E-R 图

m：n 联系转换成一个独立的关系，其属性为两端实体的主键属性加上联系类型的属性，而该关系的主键是两端实体主键的组合。

【例 6.3】 某工厂生产的产品和零件的关系为：一种产品需要多种零件，一种零件可能在多种产品中使用，因此产品和零件之间的联系为 m：n 的联系。其 E-R 图如图 6-10 所示。

根据 m：n 联系的转换方法，产品和零件的 E-R 图可以转换成如下关系模式：

零件（<u>零件编号</u>，零件名称，规格）

产品（<u>产品号</u>，产品名，规格）

组成（<u>产品号</u>，<u>零件编号</u>，零件数量）

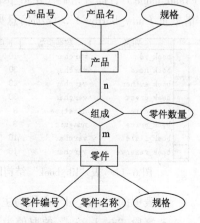

根据上述介绍，将 6.3.2 节图书借阅管理系统的概念模型转换为关系模型如下：

（1）图书信息（<u>图书编号</u>、图书名称、作者、出版社、出版日期、价格、是否借出、是否预订）；

图 6-10 产品和零件的 E-R 图

（2）读者信息（读者编号、读者姓名、读者密码、读者类别、限借数量、已借数量）；

（3）借阅信息（读者编号、图书编号、借出日期、归还日期）。

该关系模型由三个关系组成。

6.3.4 物理设计

数据库的物理设计目标是在选定的 DBMS 上，建立起逻辑设计结构确立的数据库的结构，这项工作一般由系统程序员完成。建立数据库结构的方法一般使用 SQL 语言中的建库、建表命令，以便于表结构的修改和应用程序的开发。数据库的物理设计通常分为两步进行。

1．确定数据库的物理结构

在关系数据库中，确定数据库的物理结构主要指确定数据的存放位置和存储结构，包括确定关系、索引、日志、备份等数据的存储分配和存储结构，确定系统配置等工作。

确定数据的存放位置和存储结构应综合考虑存取时间、存储空间利用率和维护代价这三方面的因素。有时这三方面是互相矛盾的，因此需要从整体上去权衡。

选择何种存放位置和存取结构与 DBMS 有关，设计者详细了解 DBMS 所提供的方法和手段，针对应用环境的要求，对数据进行合理的物理结构设计。

本书介绍的图书管理系统的数据库物理实现采用 SQL Server 2000 数据库管理系统。数据库名为"library"，其中包括三个数据表，如下所示：

（1）图书信息表

图书信息表"lib_book"用来存放馆藏图书的相关信息，包括图书编号（book_id）、图书名称（book_name）、作者（book_author）、出版社（book_press）、出版日期（book_date）、价格（book_price）、是否借出（book_state）、是否预订（book_reserve），详细信息见图 6-11。

- 表中的"book_id"字段为主键。
- 字段"book_state"的取值为"未借"或"借出"。
- 字段"book_reserve"的取值为"yes"或"no"。

（2）读者信息表

读者信息表"lib_reader"用来存放读者的相关信息，包括读者编号（read_id）、读者姓名（read_name）、读者密码（read_psw）、读者类型（read_type）、限借数量（max_borrow）、已借数量（now_borrow），详细信息见图 6-12。

	列名	数据类型	长度	允许空
🔑	book_id	varchar	10	
	book_name	varchar	30	
	book_author	varchar	20	
	book_press	varchar	30	
	book_date	datetime	8	
	book_price	numeric	9	✓
	book_state	varchar	10	
	book_reserve	varchar	10	

图 6-11　表"lib_book"结构图

	列名	数据类型	长度	允许空
🔑	read_id	varchar	10	
	read_name	varchar	25	
	read_psw	varchar	10	
	read_type	varchar	10	
	max_borrow	int	4	
	now_borrow	int	4	✓

图 6-12　表"lib_reader"结构图

- 表中的"read_id"字段为主键。
- 字段"read_type"的取值为"学生"或"教师"。
- 字段"max_borrow"的取值为"5"或"10"（学生的限借数量为 5 本，教师的限借数量为 10 本）。

（3）借阅信息表

借阅信息表"lib_borrow"用来存放图书借阅的相关信息，包括读者编号（read_id）、图书编号（book_id）、借书日期（borrow_date）、还书日期（return_date），详细信息见图 6-13。

列名	数据类型	长度	允许空
🔑 read_id	varchar	10	
🔑 book_id	varchar	10	
borrow_date	datetime	8	✓
return_date	datetime	8	✓

图 6-13　表"lib_borrow"结构图

- 表中的"read_id"和"book_id"字段为组合主键。
- 字段"borrow_date"和"return_date"为借书日期和归还日期，读者借书和还书时系统自动添加。

读者可以使用第 3 章介绍的方法在 SQL Server 2000 中建立上述数据库和三个数据表。

2．对所确定的物理结构进行评价

数据库物理结构设计过程中在对时间效率、空间效率、维护代价和用户要求进行权衡，不同的出发点可能会产生不同的设计方案。数据库设计人员必须对这些方案进行细致的评价，从中选择一个较优的方案作为数据的物理结构。

评价数据库物理结构的方法和选用的 DBMS 有关，主要是定量估算各种方案的存储空间、存取时间和维护代价，对估算结果进行权衡、比较，如果评价的结构不符合用户需求，则需要修改设计。

6.4　应用程序设计

经过"需求分析→概念设计→逻辑设计→物理设计"，标志着用户的数据信息已经转化成一个比较合理的数据库，下面的任务是设计应用程序。

数据库的应用程序设计和一般的应用程序设计方法基本相同，但是由于数据库中的数据量很大，使用数据的用户数量多、计算机水平参差不齐。要求系统设计得界面友好、操作简便，充分利用屏幕显示，追求使用效果。应用程序设计工作应当从逻辑结构设计阶段就开始，在逻辑设计时就要考虑用户的各种行为。

应用程序的设计方法可以采用一般的程序设计方法，如结构程序设计方法、面向对象的程序设计方法等。在程序设计过程中可以按照功能模块化或采用组件技术，在书写程序时按照软件工程的思想去写，程序注意可读性，程序行加注释。

关于图书管理系统的应用程序设计参见第 8 章。

6.5　运行和维护

6.5.1　数据载入数据库

数据加载到数据库中是一项工作量很大的任务。一般数据库系统中的数据来源于各部门中的不同单位，数据的组织形式、结构和格式都与新设计的数据库系统有差距，组织数据录入时，新系统对数据有一定的完整性控制，应用程序也尽可能考虑了数据的合理性，但是手工输入数据所带来的错误仍然是不可避免的，如将 88 输入成 33 这样的错误，只能依靠人工进行检验。

在设计新系统时，如果有旧系统，或者是有原来的数据格式，如 Excel 工作表、DBF 数据库格式等，还应该考虑新系统与旧系统之间的数据导入问题。

6.5.2　数据库系统试运行

当数据库系统一部分数据输入到数据库之后，就可以开始对数据库系统进行联合调试，这称为数据库的试运行。

试运行阶段主要是执行对数据库的各项操作，测试应用程序的各项功能是否满足设计要求。如果不满足，对应用程序部分要进行修改和调整，直到达到设计要求。

在试运行阶段应当注意：

（1）由于数据的加载过程费时、费力，如果试运行后要修改数据库设计，则需要重新组织数据输入，所以，应先输入小部分数据进行试运行，等到试运行基本合格之后，再大批输入数据。

（2）在数据库试运行阶段，系统处于不稳定状态，软硬件故障随时可能发生。而且系统的操作人员对系统也不熟悉，也有可能产生误操作，因此应注意数据库的转储和恢复工作。一旦发生故障，能使数据库尽快恢复，尽量减少数据的损失。

6.5.3　数据库系统的运行和维护

数据库系统试运行合格后，数据库系统的开发工作基本结束，可以投入正式运行。在正式运行过程中，数据库的物理存储会不断发生变化，数据库系统的要求也会越来越复杂。对数据库系统的调整、维护工作是一个长期的任务。在数据库系统正式运行阶段，对数据库的经常性维护工作是由 DBA 来实施的，他的工作主要包括：

1. 数据库的转储和恢复

数据库的转储和恢复是系统正式运行后最重要、最经常的一项维护工作。DBA 应根据不同的应用需求做好不同的转储计划，以保证一旦发生数据库故障，能在最短的时间内将数据库恢复到某种一致状态，将数据库的损失降低到最小。

2. 数据库的安全性和完整性控制

随着时间的推移，数据库系统的应用环境会发生变化，对数据库的安全性、完整性要求也会发生变化。DBA 应根据实际情况进行调整。

3. 数据库性能的监督、分析和改造

在数据库系统运行过程中，DBA 应密切监督系统的运行状态，并对监测数据进行分析，不断改进系统的性能。

4. 数据库的重组与重构

（1）数据库的重组。数据库运行一段时期之后，由于对数据库经常进行增、删、改等操作，使数据库的物理存储情况变坏，从而降低了数据的存取效率，数据库的性能下降。DBA 要负责对数据库进行重新组织或部分重新组织，按照原设计要求重新安排数据的存储位置、回收垃圾、减少指针链等。很多 DBMS 都提供有数据库重组工具，如 SQL Anywhere 5.5 的 Rebuild 工具。

（2）数据库的重构。数据库系统的应用环境也是不断变化的，经常会有增加了新的实体，取消了某些应用，或者是有的实体与实体之间的联系也发生了变化等，使原有的数据库设计不

能满足新的变化。因此，需要 DBA 局部的调整数据库的逻辑结构，增加新的关系，删除旧的关系，或对某个关系的一些属性进行增删。

6.6 数据库系统设计国家标准

数据库系统设计是一项软件工程，和一般软件系统开发工具有许多相似之处，我国也分别制定了相应的国家标准。下面是数据库系统设计国家标准。

数据库设计说明书（GB 8567—1988）

1. 引言

1.1 编写目的
说明编写这份数据库设计说明书的目的，指出预期的读者。

1.2 背景
说明：

a. 说明待开发的数据库的名称和使用此数据库的软件系统的名称。

b. 列出该软件系统开发项目的任务提出者、用户以及将安装该软件和这个数据库的计算站（中心）。

1.3 定义
列出本文件中用到的专门术语的定义、外文首字母组词的原词组。

1.4 参考资料
列出有关的参考资料：

a. 本项目的经核准的计划任务书或合同、上级机关批文。

b. 属于本项目的其他已发表的文件。

c. 本文件中各处引用到的文件资料，包括所要用到的软件开发标准。

列出这些文件的标题、文件编号、发表日期和出版单位，说明能够取得这些文件的来源。

2. 外部设计

2.1 标识符和状态
联系用途，详细说明用于唯一的标识该数据库的代码、名称或标识符，附加的描述性信息亦要给出。如果该数据库属于尚在实验中、尚在测试中或是暂时使用的，则要说明这一特点及其有效时间范围。

2.2 使用它的程序
列出将要使用或访问此数据库的所有应用程序，给出每一个应用程序的名称和版本号。

2.3 约定
描述一个程序员或一个系统分析员为了能使用此数据库而需要了解的建立标号、标识的约定，例如用于标识数据库的不同版本的约定和用于标识库内各文卷、记录、数据项的命名约定等。

2.4 专门指导

向准备从事此数据库的生成、测试及维护人员提供专门的指导，例如将被送入数据库的数据的格式和标准、送入数据库的操作规程和步骤，用于产生、修改、更新或使用这些数据文卷的操作指导。如果这些指导的内容篇幅很长，列出可参阅的文件资料的名称和章节。

2.5 支持软件

简单介绍同此数据库直接有关的支持软件，如数据库管理系统、存储定位程序和用于装入、生成、修改、更新数据库的程序等。说明这些软件的名称、版本号和主要功能特性，如所用数据模型的类型、允许的数据容量等。列出这些支持软件的技术文件的标题、编号及来源。

3．结构设计

3.1 概念结构设计

说明本数据库将反映的现实世界中的实体、属性和它们之间的关系等的原始数据形式，包括各数据项、记录、系、文卷的标识符、定义、类型、度量单位和值域，建立本数据库的每一个用户视图。

3.2 逻辑结构设计

说明把上述原始数据进行分解、合并后重新组织起来的数据库全局逻辑结构，包括所确定的关键字和属性、重新确定的记录结构和文卷结构、所建立的各文卷之间的相互关系，形成本数据库的数据库管理员视图。

3.3 物理结构设计

建立系统程序员视图，包括：

a. 数据在内存中的安排，包括对索引区和缓冲区的设计。

b. 所使用的外存设备及外存空间的组织，包括索引区和数据块的组织与划分。

c. 访问数据的方式方法。

4．应用设计

4.1 数据字典设计

对数据库设计中涉及的各种项目，如数据项、记录、系、文卷、模式、子模式等一般要建立起数据字典，以说明它们的标识符、同义名及有关信息。在本节中要说明对此数据字典设计的基本考虑。

4.2 安全保密设计

说明在数据库的设计中，将如何通过区分不同的访问者、不同的访问类型和不同的数据对象，进行分别对待而获得的数据库安全保密的设计考虑。

本 章 小 结

数据库设计包括结构特性设计和行为特性设计两方面内容。

数据库设计过程可分为数据库结构设计、程序结构设计和数据库运行维护三个阶段，其中数据库结构设计分为需求分析、概念设计、逻辑设计和物理设计。需求分析的主要描述工具是数据流图和数据字典；概念结构设计利用 E-R 模型进行描述，是数据库逻辑结构设计的依据。

课 后 练 习

1. 简述数据库的设计步骤。
2. 简述需求分析阶段的设计目标和调查的内容是什么？
3. 简述数据字典的内容和作用。
4. 设计一个教学管理数据库，此数据库中有每个学生的信息，其中包括学号、姓名、性别、班级、系别，对每门课有课程编号、课程名、学时、教师编号，对每个教师有教师编号、姓名、职称，对每门被选修的课有学号、班级、课程编号、成绩，要求给出 E-R 图，再将其转换为关系模型。
5. 假设要为图书馆设计一个数据库，设想一下如何设计 E-R 模型，并将其转换为关系数据模型和画出数据结构图。

第7章

数据库接口

本章要点

在前面几章中，我们介绍了数据库知识，但当我们想通过数据库真正做点什么，或在设计数据库应用程序的时候，不可避免的需要访问数据库时，怎么操纵库里的数据等问题就成了我们关心的事情，因此在本章主要是介绍数据库接口技术。在本章学习中，应重点掌握以下内容：

- 掌握什么是 ODBC 数据源
- 能够进行 ODBC 数据源配置
- 掌握什么是 JDBC 数据源
- 初步掌握什么是 JDBC–ODBC 桥接及其设置

7.1　ODBC 接口

7.1.1　ODBC 概述

1. ODBC 的基本概念

ODBC(open database connectivity，开放数据库互联)是微软公司开放服务结构(windows open services architecture，WOSA)中有关数据库的一个组成部分，它建立了一组规范，并提供了一组对数据库访问的标准 API (应用程序编程接口)。这些 API 利用 SQL 来完成其大部分任务。ODBC 本身也提供了对 SQL 语言的支持，用户可以直接将 SQL 语句送给 ODBC。

一个基于 ODBC 的应用程序对数据库的操作不依赖任何 DBMS，不直接与 DBMS 打交道，所有的数据库操作由对应的 DBMS 的 ODBC 驱动程序完成。也就是说，不论是 FoxPro、Access，MySQL 还是 Oracle 数据库，均可用 ODBC API 进行访问。由此可见，ODBC 的最大优点是能以统一的方式处理所有的数据库。

2. ODBC 的组成部件

一个完整的 ODBC 由下列几个部件组成（如图 7–1 所示）：

- 应用程序（application）：执行 ODBC 函数的调用和处理，提交 SQL 语句并检索结果。
- 驱动程序管理器（driver manager）：为应用程序装载驱动程序。
- 驱动程序（driver）：驱动程序是实现 ODBC 函数调用和同数据源交互作用的动态连接库，它执行 ODBC 函数调用，提交 SQL 请求到指定的数据源，并把结果返回给应用程序。如果需要，驱动程序也可改变应用程序的请求，以和特定的 DBMS 的语法匹配。

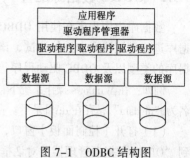

图 7-1　ODBC 结构图

- 数据源（data source）：由用户需要存取的数据和与之相连的操作系统、DBMS 及存取 DBMS 的网络平台组成。

3. ODBC 的结构分类

从结构上分，ODBC 分为单束式和多束式两类。

（1）单束式驱动程序

单束式驱动程序介于应用程序和数据库之间，像中介驱动程序一样数据库提供一个统一的数据访问方式。当用户进行数据库操作时，应用程序传递一个 ODBC 函数调用给 ODBC 驱动程序管理器，由 ODBC API 判断该调用是由它直接处理并将结果返回还是送交驱动程序执行并将结果返回。由上可见，单束式驱动程序本身是一个数据库引擎，由它直接可完成对数据库的操作，尽管该数据库可能位于网络的任何地方。

（2）多束式驱动程序

多束式驱动程序负责在数据库引擎和客户应用程序之间传送命令和数据，它本身并不执行数据处理操作而用于远程操作的网络通信协议的一个界面。前端应用程序提出对数据库处理的请求，该请求转给 ODBC 驱动程序管理器，驱动程序管理器依据请求的情况，就地完成或传送给多束式驱动程序，多束式驱动程序将请求翻译为特定厂家的数据库通信接口（如 Oracle 的 SQLNet）所能理解的形式并交与接口去处理，接口把请求经网络传送给服务器上的数据引擎，服务器处理完后把结果发回给数据库通信接口，数据库接口将结果传给多束式 ODBC 驱动程序，再由驱动程序将结果传给应用程序。

4. ODBC 的特性

从 ODBC 的体系结构看出，ODBC 技术有下列 3 个特性：

（1）ODBC 是一个调用层的接口。ODBC 定义了一个标准的调用层接口（CGI）。

（2）ODBC 定义了标准的 SQL 语法。ODBC 扩充了许多语法，即使在应用程序中存在于具体的 DBMS 不同的语法，在把它发送到数据源之前，驱动程序也能转换它们。

（3）ODBC 提供了一个驱动程序管理器来管理并同时访问多个 DBMS 系统。当应用程序需要通过特定的驱动程序时，它先需要一个标识驱动程序的连接句柄。驱动程序管理器加载驱动程序，并存储每一个驱动程序中的函数地址。在驱动程序中调用一个 ODBC 函数，应用程序先要调用驱动程序管理器中的函数，并为驱动程序传送一个连接句柄；然后，驱动程序管理器使用以前存储的地址来调用函数。

7.1.2 ODBC 数据源配置

数据库应用程序在使用 ODBC 管理数据库时，首先需要做的工作是在 ODBC 管理器中对数据库进行登记注册和连接测试，该项工作即指配置 ODBC 数据源，数据源即数据库的位置、数据库的类型以及 ODBC 驱动程序等信息的集合。

例如：在 Windows 操作系统下，在 ODBC 管理器中配置一个 SQL Server 2000 数据库， 数据库的名为"mydata"，存在 d:\目录下。在 ODBC 管理器中配置为"mydata"数据库的步骤如下所述。

（1）打开【控制面板】窗口，选择【管理工具】中的【数据源（ODBC）】快捷方式，进入到"ODBC 数据源管理器"对话框，如图 7-2。

（2）单击【系统 DSN】选项卡，然后单击【添加】按钮，出现"创建新数据源"对话框，见图 7-3。

图 7-2 "ODBC 数据源管理器"对话框   图 7-3 "创建新数据源"对话框

（3）上图中，选择"SQL Server"作为驱动程序，单击【完成】按钮，弹出"Microsoft ODBC SQL Server DSN 配置"对话框，用于创建 SQL Server 的新数据源，见图 7-4。

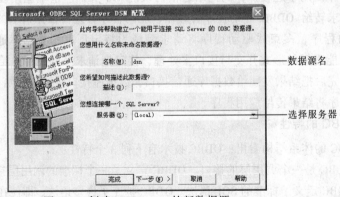

图 7-4 创建 SQL Server 的新数据源

（4）图 7-4 中，假定数据源名称为"dsn"，所选择的服务器为"（local）"，然后单击【下一步】按钮，见图 7-5。

（5）图 7-5 中，选择【使用网络登录 ID 的 Windows NT 验证】选项，单击【下一步】按钮，见图 7-6。

选择 "mydata"

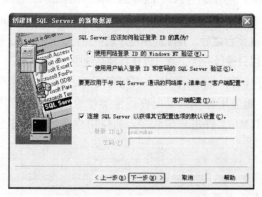 

图 7-5 "创建到 SQL Server 的新数据源"对话框　　图 7-6 "创建到 SQL Server 的新数据源"对话框

（6）图 7-6 中，更改默认的数据库为存放在 D:\目录下的 "mydata"，单击【下一步】按钮，在出现的对话框中再单击【完成】按钮，出现 "ODBC Microsoft SQL Server 安装"对话框，见图 7-7。

（7）图 7-7 中，单击【测试数据源】按钮，如果数据源配置正确无误，则 "SQL Server ODBC 数据源测试"对话框中会显示"测试成功"，如图 7-8 所示，最后单击【确定】按钮即可。

图 7-7 "ODBC Microsoft SQL Server 安装"对话框　　图 7-8 "SQL Server ODBC 数据源测试"对话框

> **注　意**
>
> Windows 操作系统下，在 ODBC 管理器中配置一个 Access、Oracle 或其他类型数据库的方法类似，读者可自行尝试。

7.2　JDBC 接口

7.2.1　Java 语言概述

Java 是由 Sun Microsystems 公司于 1995 年 5 月推出的 Java 程序设计语言（以下简称 Java 语言）和 Java 平台的总称。用 Java 实现的 HotJava 浏览器（支持 Java applet）显示了 Java 的魅力：跨平台、动态的 Web、Internet 计算。从此，Java 被广泛接受并推动了 Web 的迅速发展，常用的浏览器现在均支持 Java applet。另一方面，Java 技术也不断更新。

Java 平台由 Java 虚拟机（Java virtual machine）和 Java 应用编程接口（application programming interface，简称 API）构成。Java 应用编程接口为 Java 应用提供了一个独立于操作系统的标准接口，可分为基本部分和扩展部分。在硬件或操作系统平台上安装一个 Java 平台之后，Java 应用程序就可运行。现在 Java 平台已经嵌入了几乎所有的操作系统。这样 Java 程序可以只编译一次，就可以在各种系统中运行。

一般把 Java 的应用程序分为两类：应用程序（application）和小应用程序（applet）。简单地说，小应用程序就是嵌入式 Web 文档的程序，而应用程序则是所有其他类型的程序。小应用程序是从 Web 文档进来的 Java 程序，也就是从 HTML 文件进来的程序。而应用程序则是从命令行上运行的程序。

 注 意

关于此处详细内容请读者自行参阅 Java 专业书籍。

Java 之所以在较短的时间内成为强大的开发工具，这和 Java 具有良好的特性是分不开的。Java 具有下述基本特性：

● 简单性

Java 语言的语法与 C 语言和 C++语言很接近，使得大多数程序员很容易学习和使用 Java。另一方面，Java 丢弃了 C++ 中很少使用的、很难理解的、令人迷惑的那些特性，如操作符重载、多继承、自动的强制类型转换。特别地，Java 语言不使用指针，并提供了自动的废料收集，使得程序员不必为内存管理而担忧。

● 面向对象

Java 语言提供类、接口和继承等原语，为了简单起见，只支持类之间的单继承，但支持接口之间的多继承，并支持类与接口之间的实现机制（关键字为 implements）。Java 语言全面支持动态绑定，而 C++语言只对虚函数使用动态绑定。总之，Java 语言是一个纯的面向对象程序设计语言。

● 分布式

Java 语言支持 Internet 应用的开发，在基本的 Java 应用编程接口中有一个网络应用编程接口（java.net），它提供了用于网络应用编程的类库，包括 URL、URLConnection、Socket、ServerSocket 等。Java 的 RMI(远程方法激活)机制也是开发分布式应用的重要手段。

● 健壮性

Java 的强类型机制、异常处理、废料的自动收集等是 Java 程序健壮性的重要保证。对指针的丢弃是 Java 的明智选择。Java 的安全检查机制使得 Java 更具健壮性。

● 安全性

Java 通常被用在网络环境中，为此，Java 提供了一个安全机制以防恶意代码的攻击。除了 Java 语言具有的许多安全特性以外，Java 对通过网络下载的类具有一个安全防范机制（类 ClassLoader），如分配不同的名字空间以防替代本地的同名类、字节代码检查，并提供安全管理机制（类 SecurityManager）让 Java 应用设置安全哨兵。

● 体系结构中立

Java 程序（扩展名为 java 的文件）在 Java 平台上被编译为体系结构中立的字节码格式（扩展名为 class 的文件），然后可以在实现这个 Java 平台的任何系统中运行。这种途径适合于异构的网络环境和软件的分发。

● 可移植性

这种可移植性来源于体系结构中立性，另外，Java 还严格规定了各个基本数据类型的长度。Java 系统本身也具有很强的可移植性，Java 编译器是用 Java 实现的，Java 的运行环境是用 ANSI C 实现的。

● 解释型

如前所述，Java 程序在 Java 平台上被编译为字节码格式，然后可以在实现这个 Java 平台的任何系统中运行。在运行时，Java 平台中的 Java 解释器对这些字节码进行解释执行，执行过程中需要的类在连接阶段被载入到运行环境中。

● 高性能

与那些解释型的高级脚本语言相比，Java 的确是高性能的。事实上，Java 的运行速度随着 JIT(just-in-time)编译器技术的发展越来越接近于 C++。

● 多线程

在 Java 语言中，线程是一种特殊的对象，它必须由 thread 类或其子（孙）类来创建。通常有两种方法来创建线程：其一，使用型构为 thread(runnable) 的构造子将一个实现了 runnable 接口的对象包装成一个线程；其二，从 thread 类派生出子类并重写 run 方法，使用该子类创建的对象即为线程。值得注意的是 thread 类已经实现了 runnable 接口，因此，任何一个线程均有它的 run 方法，而 run 方法中包含了线程所要运行的代码。线程的活动由一组方法来控制。Java 语言支持多个线程的同时执行，并提供多线程之间的同步机制（关键字为 synchronized）。

● 动态结构

Java 语言的设计目标之一是适应于动态变化的环境。Java 程序需要的类能够动态地被载入到运行环境，也可以通过网络来载入所需要的类。这也有利于软件的升级。另外，Java 中的类有一个运行时刻的表示，能进行运行时刻的类型检查。

7.2.2　JDBC 概述

1．JDBC 的基本概念

JDBC（Java data base connectivity，Java 数据库连接）是 Java 程序连接数据库的应用程序接口（API）。JDBC 由一群类和接口组成，通过调用这些类和接口所提供的成员方法，可以连接各种不同的数据库，进而使用标准的 SQL 命令对数据库进行查询、插入、删除和更新等操作。

1996 年，Sun 公司推出了 JDBC 工具。现在 JDBC 驱动程序已经被大多数主流数据库所采用。JDBC 扩充了 Java 的应用范围，用 Java 与 JDBC API 可以发布一种包含远程数据库信息的 Applet（小应用程序）的 WWW 页面。企业使用 JDBC 可以把它的所有雇员信息通过 Intranet 连接到一个或多个内部数据库中。MIS 管理员通过 Java 与 JDBC 结合可以更容易、更经济的发布企业信息。今后，随着 Java 应用程序的不断增加，对 Java 数据库的访问需求也会越来越迫切。

Java 使用 JDBC 技术进行数据库的访问。使用 JDBC 技术进行数据库访问时，Java 应用程序通过 JDBC API 和 JDBC 驱动程序管理器之间进行通信，例如 Java 应用程序可以通过 JDBC API 向 JDBC 驱动程序管理器发送一个 SQL 查询语句。JDBC 驱动程序管理器又可以以两种方式和最终的数据库进行通信：一种是使用 JDBC/ODBC 桥接驱动程序的间接方式；另一种是使用 JDBC 驱动程序的直接方式。

2．JDBC 的层次

与 ODBC 相类似，JDBC 接口（API）包括两个层次，见图 7-9 所示。

- 面向应用的 API：Java API，抽象接口，供应用程序开发人员使用（连接数据库，执行 SQL 语句，获得结果）。
- 面向数据库的 API：Java Driver API，供开发商开发数据库驱动程序用。

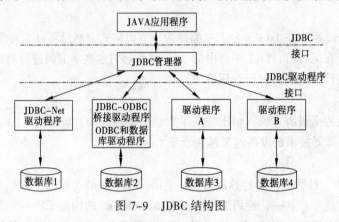

图 7-9　JDBC 结构图

> **注　意**
>
> 与 ODBC 相比，JDBC 没有了定制的"数据源"的概念，而是直接在应用程序中加载驱动程序并连接特定的数据库。

3. JDBC 的接口和类

在 java.sql 包中，包含了 JDBC 的核心接口和类。

JDBC 接口实际上是常量和方法的集合。通过接口机制，可以使不同层次、甚至互不相关的类具有相同的行为。下面介绍 5 个主要的接口。

- java.sql.CallableStatement 接口

这个接口用于执行数据库中的 SQL 存储过程。它是 PreparedStatement 类的子类。

- java.sql.Connection 接口

这个接口用于与特定的数据源建立连接。一个成功的连接能够提供有关数据库中基本表的描述、所支持的 SQL 语法、存储过程、基于连接所能进行的操作等信息。

- java.sql.PreparedStatement 接口

这个对象用于多次执行相同查询语句时使用。还可以接受查询参数，在准备好的 SQL 语句中指出需要的参数，再将该语句传递给数据库进行预编译，这样系统可得到较高的性能。

- java.sql.ResultSet 接口

这个接口提供访问结果集的许多方法。许多 JDBC 语句执行后都会返回一个结果集，可以用这个接口中的方法来获得结果集中的内容。

- java.sql.Statement 接口

这个对象用来执行静态 SQL 语句（通常是没有参数的 SQL 语句）。静态 SQL 语句都是在执行时才传递到数据库。如果是需要多次执行的语句，则可通过 PreparedStatement 对象采用预编译的方式执行，以提高效率。

下面再介绍一下 JDBC 的 9 个主要的类。

（1）java.sql.Date 类

这个类是 java.util.Date 类的子类，为用户提供了处理日期的方法。

（2）java.sql.DriverManager 类

这个类提供了用于管理 JDBC 驱动程序的方法。

（3）java.sql.DriverPropertyInfo 类

这个类一般只被高级程序员使用，通过使用 getDriverProperties 与 Driver 进行交互，获得使用建立连接需要的资源。

（4）java.sql.Time 类

这个类提供处理时、分和秒的方法，是 java.util.Date 的子类。

（5）java.sql.Timestamp 类

这个类是 java.util.Date 的子类，用来处理时间戳问题。

（6）java.sql.Types 类

这个类定义了一些用于表示 SQL 类型的变量。

（7）java.sql.DataTruncation 类

这个类用于数据截断，它是 SQLWarning 类的子类。

（8）java.sql.SQLException 类

这个类是 java.lang.SQLException 类的子类，用于提供处理访问数据库时的出错信息。

（9）java.sql. SQLWarning 类

这个类是 SQLException 类的子类，所有 SQLException 类的方法都可以使用。

4．JDBC 连接数据库

通过 JDBC 对数据库进行访问，必须先和数据库建立连接。建立一个数据库连接总是需要两个步骤：载入驱动程序和建立连接。

● 载入驱动程序

载入指定名称的驱动程序，使用如下语句：

```
Class.forName("驱动程序名称");
```

例如使用 Sun 公司提供的 JDBC/ODBC 桥接驱动程序，该驱动程序的名称为"sun.jdbc.odbc. JdbcOdbcDriver"，使用下面的语句将载入该驱动程序：

```
Class.forName("sun.jdbc.odbc.JdbcOdbcDriver");
```

● 建立连接

驱动程序管理器（DriverManager）负责管理驱动程序，并使用适当的驱动程序建立和数据库的连接。可以使用下面的语句建立一个和数据库的连接：

```
Connection con=DriverManager.getConnection(url,"
用户名称","用户密码");
```

参数 url 为表示数据库统一资源定位的一个字符串，其常规语法为 jdbc:subprotocol:subname。

下面我们再来介绍一下 JDBC-ODBC 桥。

JDBC-ODBC 桥是一种 JDBC 驱动程序，它通过将 JDBC 操作转换为 ODBC 操作来实现。利用 JDBC-ODBC 桥可以使程序开发人员不需要学习更多的知识就可以编写 JDBC 应用程序，并能够充分利用现有的 ODBC 数据源。JDBC-ODBC 桥驱动程序可以使 JDBC 能够访问几乎所有类型的数据库。结构示意图详见图 7-10。

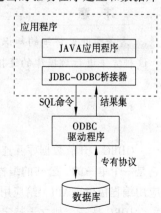

图 7-10　JDBC-ODBC 桥接

例如：本系统的 SQL Server 数据库已建好 ODBC 数据源名为"dsn"，建立 JDBC-ODBC 桥接过程如下：

● 载入驱动程序

使用 JDBC/ODBC 桥接驱动程序，该驱动程序的名称为 sun.jdbc.odbc.JdbcOdbcDriver，使用下面的语句将载入 JDBC/ODBC 桥接驱动程序：

```
Class.forName("sun.jdbc.odbc.JdbcOdbcDriver");
```

● 建立连接

使用下面的语句建立一个和数据库的连接：

```
Connection con=DriverManager.getConnection("jdbc:odbc:pss","sa","sql");
```

以下代码完整显示了使用 JDBC/ODBC 桥访问 SQL Server 数据库的源代码。该程序首先载入 JDBC/ODBC 驱动程序，然后和数据源建立连接，最后使用查询语句将表 Users 中的所有数据显示在屏幕上。

```
import java.sql.*;
public class jdbcodbc{
 public static void main(String args[]){
  try{
   Class.forName("sun.jdbc.odbc.JdbcOdbcDriver");
   Connection con=DriverManager.getConnection("jdbc:odbc:dsn");
   Statement stmt=con.createStatement();
   ResultSet rs=stmt.executeQuery("select * from Users");
   while(rs.next()){
     System.out.println(rs.getString(1)+""+rs.getString(2)+""+rs.getString
     (3));
   }
   rs.close();
   stmt.close();
  }
  catch(Exception e){
   e.printStackTrace();
  }
 }
}
```

注　意

关于此处详细的知识，读者可以参照相关的专业书籍。本书后面的实例讲解就是采取这种方法进行数据库的连接和访问的。

本 章 小 结

ODBC（开放数据库互连）是为了实现异构数据库互连而由 Microsoft 公司推出的一种标准，它是一个单一的、公共的编程接口。ODBC 提供不同的程序以存取不同的数据库，但只提供一种应用编程接口（API）给应用程序。

JDBC 是一个独立于特定数据库管理系统的、通用的 SQL 数据库存取和操作的公共接口（一组 API），定义了用来访问数据库的标准 Java 类库，使用这个类库可以以一种标准的方法，方便地访问数据库资源（在 java.sql 类包中）。简单地说，JDBC 能完成 3 件事：

（1）与一个数据库建立连接；

（2）向数据库发送 SQL 语句；

（3）处理数据库返回的结果。

JDBC 和数据库建立连接的一种方式是首先建立 JDBC-ODBC 桥接器。由于 ODBC 驱动程序被广泛使用，建立这种桥连接器后，使得 JDBC 能访问几乎所有类型的数据库。

ODBC 和 JDBC 的出现，为数据库的发展指明了道路，会在今后的 Web 数据库发展中运用得越来越广泛。同时，ODBC 和 JDBC 技术的发展将影响到 Web 数据库的发展，甚至可能成为下一代技术的主流。

课后练习

1. 什么是 ODBC 数据源？

2. 结合实例联系 ODBC 数据源的创建。

3. Java 语言对 Internet 的广泛应用起到了什么作用？

4. Java 语言有哪些良好的特性？

5. Java 应用有哪两种方法？有什么区别？

6. 什么是 JDBC？

7. JDBC 的基本功能是什么？

8. 在 java.sql 包中，JDBC 有哪些核心的接口和类？请对每一个接口和类作简短的解释说明。

9. 使用 JDBC 连接数据库的主要步骤是什么？

10. 练习使用 JDBC-ODBC 桥接正确访问数据库。

第 8 章
数据库开发实例

本章要点

信息管理系统开发的目的就是为了解决问题，满足用户的需求。为了达到这个目的，必须充分地了解系统的商业目标和用户要求的界面方式，对于图书管理系统来讲，目标就是有效的管理图书，最大程度地提高图书管理的效率。图书管理系统是典型的信息管理系统，其开发主要包括后台 SQL 数据库的建立和维护以及前端的应用程序的开发两个方面。对于前者要求建立数据的一致性和完整性，对于后者则要求应用程序功能的完备、易用等特点。

基于上述考虑本系统主要利用 Java 作前端的应用开发工具，利用 SQL Server 2000 作为后台的数据库，利用 Windows 作为系统平台；而全部采用 Microsoft 的操作系统及其应用开发工具开发的图书管理系统。能使用户的需求具体体现在各种信息的提供、保存、更新和查询中，也就是数据库的逻辑结构。

系统的需求分析以及数据库的概念设计、逻辑设计和物理设计已经在第 6 章中进行了说明，在此不再赘述。

本章主要结合一个"图书管理系统"实例，详细讲述了完整的数据库开发过程。其中包括系统开发时的需求分析，数据库的概念设计、逻辑设计和物理设计，还有就是系统的功能设计和数据库的系统实现。通过本章的学习，读者应该掌握以下内容：

- 熟练掌握数据库的创建过程及其常见的操作
- 掌握系统设计的基本方法，明确信息管理系统的概念
- 掌握系统模块设计的方法和技巧
- 体验数据库技术和程序设计语言的结合

8.1 系统总体设计

8.1.1 解决方案设计

首先要完成对图书馆书籍信息的统计和整理，获取大量的书籍信息，然后在 SQL Server 2000 中建立图书信息表。通过对读者信息的统计分析，建立读者信息表。同时还要建立图书借阅信

息表。这里，以 Jcreator Pro 4.5 为开发工具，运用 Java 语言和 SQL Server 数据库结合作为开发基础，采用 C/S 的结构和 JDBC 技术实现对数据库的动态连接访问，通过执行一系列 SQL 命令来完成对数据库的各种操作。

基于以上的分析和考虑，下面给出这个系统总体功能设计方案，如图 8-1 所示。

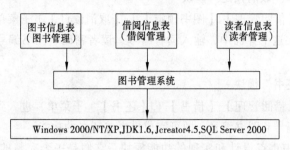

图 8-1 系统总体功能设计

8.1.2 系统模块功能分析

本系统的主要功能模块如下。

1. 登录模块

登录窗口主要用来完成图书管理系统的登录功能。只有通过此登录窗口才能进入图书管理系统的主界面。当用户输入编号和密码时，系统将用户输入的内容和数据库已有的数据进行比对，如果相同，则进入到系统主界面，否则提示出错的相关信息（包括输入的用户不存在或输入密码错误）。

2. 系统主界面窗口

在系统主界面窗口中，可以完成此系统的全部功能，包括：读者管理、图书管理、借阅管理、打印、常用工具、读者留言、友情链接，详见图 8-2。用户只需要单击相应的菜单就可以完成相应的功能。

图 8-2 图书管理系统主界面

3. "读者状态"查询模块

单击主窗口上的【读者管理】|【读者状态】子菜单，进入到查询读者信息状态的主界面，在这个界面中输入正确的读者编号和读者密码，便可查询到相关信息。如果输入的信息有误，系统会自动提示读者不存在或者读者密码错误。

4. "增加读者"和"删除读者"模块

单击主窗口上的【读者管理】|【增加读者】（|【删除读者】）子菜单，进入到增加或删除读者的子模块。根据实际情况分析，读者并非任意添加和删除，而只能由系统管理员进行增删。

5. "图书查询"模块

单击主窗口上的【图书管理】|【图书查询】子菜单，进入到查询图书信息状态的主界面。这时只要正确输入图书编号，便可显示出要查询书目的详细信息（包括图书名称、图书作者、出版社、出版时间、价格、是否借出、是否预订），否则，系统会提示"要查询图书不存在"。

6. "增加图书"和"删除图书"模块

单击主窗口上的【图书管理】|【增加图书】(|【删除图书】)子菜单,进入到增加或删除图书的子模块。根据实际情况分析,图书并非任意添加和删除,而只能由系统管理员进行增删。

7. "图书预订"和"取消预定"模块

单击主窗口上的【借阅管理】|【图书预定】(|【取消预订】)子菜单,进入到预定图书或取消预订的子模块。在这个界面中,输入读者编号、读者密码、图书编号即可实现图书预订和取消预订的功能。

8. "借书"和"还书"模块

单击主窗口上的【借阅管理】|【借书】(|【还书】)子菜单,进入到借书或还书的功能模块。此时,输入读者编号和图书编号,即可完成借书或还书的功能。

以上就是本系统中重点设计和实现的功能模块,它们是一个完整的图书管理系统必不可少的组成部分,在本章的后面会有详细的实现过程。但需要指出的是,在实际的应用当中,考虑到问题的随机性和复杂性,图书管理系统是一个很大而全的系统,相比于书中所述,要更为复杂。因此,对于读者而言,此处的开发实例更多的是作为参考,辅助读者理解和掌握相关的概念。

上述这些模块的设计涵盖了需求分析中的所有功能要求。

8.2 技 术 细 节

8.2.1 创建数据库基表

为了系统分析得方便,在创建好的 3 个数据表中添加初始数据如下(见表 8-3~表 8-4):

book_id	book_name	book_author	book_press	book_date	book_price	book_state	book_reserve
G11.11	大学英语	李慧如	清华	2001-1-1	18	未借	no
G12.08	English Program	Tom	清华	2007-9-1	30	未借	yes
TP12.245	计算机导论	安志远	高教	2006-7-1	29	未借	no
TP23.55	C程序设计	安志远	高教	2008-1-1	30	未借	yes

图 8-3 表 "lib_book" 中加入的初始数据

read_id	read_name	read_psw	read_type	max_borrow	now_borrow
0022102	张鹏飞	22102	学生	5	0
0051309	李田洁	51309	教师	10	0
0052201	张爽	52201	教师	10	0
0052217	郭龙	52217	教师	10	0

图 8-4 表 "lib_reader" 中加入的初始数据

read_id	book_id	borrow_date	return_date
0022102	G12.08	2008-6-1	2008-9-1
0022102	TP23.55	2008-10-12	2009-1-12

图 8-5 表 "lib_borrow" 中加入的初始数据

8.2.2 数据库连接

1. Java 应用程序

Java 程序包括 Java 应用程序和小应用程序,主要根据 JDBC 方法实现对数据库的访问和操作。完成的主要任务有请求与数据库建立连接;向数据库发送 SQL 请求;为结果集定义存储应用和数据类型;查询结果;处理错误;控制传输、提交及关闭连接等操作。

2．JDBC 编程要点

● 引用 java.sql 包

```
import java.sql.*;
```

● 使用 Class.forName（ ）方法加载相应数据库的 JDBC 驱动程序

```
Class.forName("sun.jdbc.odbc.JdbcOdbcDriver");
```

● 定义 JDBC 的 URL 对象。例如：

```
String conURL="jdbc:odbc:TestDB";        //TestDB 是用户设置的数据源
```

● 连接数据库

```
Connection s=DriverManager.getConnection(conURL);
```

● 使用 SQL 语句对数据库进行操作

● 解除 Java 与数据库的连接并关闭数据库。例如：

```
    s.close();
```

3．本例中数据库的连接

本系统采用 JDBC-ODBC 桥进行数据库的连接。数据库名为"library"，存放在 D:\目录下，首先创建 ODBC 数据源，名为"lib"，具体步骤可参见第 7 章 7.1。于是得到连接数据库的语句如下：

```
Class.forName("sun.jdbc.odbc.JdbcOdbcDriver");
Connection con=DriverManager.getConnection("jdbc:odbc:lib");
```

8.3 主要功能模块实现

8.3.1 "读者登录"模块

在图书管理系统中，登录界面是非常重要的，它是整个图书管理系统的基础。只有通过了此登录界面的认可，才能够进入到图书管理系统，正确的执行图书管理的功能。严格来讲，登录者的身份应该包括"读者"和"管理员"两种。这里只介绍读者的登录界面和实现过程，如图 8-6 所示。

当在窗口中输入读者编号和读者密码时，系统会把它们和数据库中存放的信息进行比对，如果相同，则进入到系统的主界面，否则提示"读者不存在"（见图 8-7）或"读者密码错误"（见图 8-8）。

图 8-6 读者登录窗口

图 8-7 提示"读者不存在"

图 8-8 提示"读者密码错误"

实现该页面的相关代码如下：

```
/* 程序文件名称: login.java
 *功能: 实现读者登录功能
 **/
import java.applet.*;
```

```java
import javax.swing.*;
import java.awt.*;
import java.sql.*;
import java.awt.event.*;
class login extends JFrame implements ActionListener{
  private JTextField textId;
  private JPasswordField textPassword;
  private JButton ok;
  public login(){
    super("登录");
    Container c=getContentPane();
    JPanel panel=new JPanel();
    //创建读者编号标签与文本框
    JLabel labelId=new JLabel("读者编号: ");
    textId=new JTextField(15);
    panel.add(labelId);
    panel.add(textId);
    //创建读者密码标签与文本框
    JLabel labelPassword=new JLabel("读者密码: ");
    textPassword=new JPasswordField(15);
    panel.add(labelPassword);
    panel.add(textPassword);
    //创建确定按钮
    ok=new JButton("确定");
    ok.addActionListener(this);           //为确定按钮注册监听器
    addWindowListener(new WindowAdapter()
    { public void windowClosing(WindowEvent e)
      { System.exit(0);}
        });
    panel.add(ok);
    c.add(panel);
  }
  public void actionPerformed(ActionEvent e1){
    if(e1.getSource()==ok){
        ID();
        }
  }
  void ID(){                              //实现读者的身份验证
    try{
    String str1,str2;
    str1=textId.getText();
    str2=textPassword.getText();
    Class.forName("sun.jdbc.odbc.JdbcOdbcDriver");
    Connection con=DriverManager.getConnection("jdbc:odbc:lib");
```

```
      PreparedStatement pstmt=con.prepareStatement("select read_psw from lib_
   reader where read_id=?");
    pstmt.setString(1,str1);
    ResultSet rs=pstmt.executeQuery();
    if(rs.next())
    {
        if(!(str2.trim().equals(rs.getString("read_psw").trim()))){
        JOptionPane.showMessageDialog(this,"读者密码错误","错误",JoptionPane.
        ERROR_MESSAGE);
        }else{
            //如果登录成功则显示系统主界面
            librarymain frame1=new librarymain();
            frame1.show();
        }
    }
  else
  {
        JOptionPane.showMessageDialog(this,"读者不存在","错误",JOptionPane.
      ERROR_ MESSAGE);
  }
    pstmt.close();
     con.close();
       }catch(ClassNotFoundException e){          //处理系统中产生的各种异常
       System.out.println(e.getMessage());
       }catch(SQLException edd){
       edd.printStackTrace();
       System.out.println(edd.getMessage());
       }
       }
   class ValidFailedException extends SQLException{
   public ValidFailedException(){}
   public ValidFailedException(String reason){
        super(reason);
     }
   }
   public static void main(String args[]){
       login frame=new login();
       //设置窗口显示格式
   frame.setDefaultCloseOperation(JFrame.EXIT_ON_CLOSE);
     frame.setSize(280,160);
     frame.setVisible(true);
     }
}
```

8.3.2 "增加读者"模块

增加读者是图书管理系统的主要功能，每年新开学的时候，学校的各个院系会有许多入学新生，学校图书馆为每个同学准备了一个借阅证。在系统中要想添加读者，必须是管理员才能做到，本实例省略了管理员登录环节。

图 8-9 "增加读者"窗口

假定管理员成功登录系统，此时单击主窗口【读者管理】中的【增加读者】子菜单，进入到增加读者的窗口，如图 8-9 所示。

在这个窗口中，管理员输入正确的读者信息，这里需要指出的是，以上信息并未包括已借数量，因为新添加读者肯定还未借书，所以该字段初始值在代码中设定为"0"。实现功能的代码如下：

```java
/* 程序文件名称: addreader.java
 *功能: 实现增加读者功能
 **/
import java.applet.*;
import javax.swing.*;
import java.awt.*;
import java.sql.*;
import java.awt.event.*;
class addreader extends JFrame implements ActionListener{
  private JTextField textId,textName,textType,textMax;
  private JPasswordField textPassword;
  private JButton ok;
  public addreader(){
    super("增加读者");
    Container c=getContentPane();
    JPanel panel=new JPanel();
    //创建读者编号标签与文本框
    JLabel labelId=new JLabel("读者编号: ");
    textId=new JTextField(15);
    panel.add(labelId);
    panel.add(textId);
    //创建读者姓名标签与文本框
    JLabel labelName=new JLabel("读者姓名: ");
    textName=new JTextField(15);
    panel.add(labelName);
    panel.add(textName);
    //创建密码标签与文本框
    JLabel labelPassword=new JLabel("读者密码: ");
    textPassword=new JPasswordField(15);
    panel.add(labelPassword);
```

```
      panel.add(textPassword);
      //创建读者类型标签与文本框
      JLabel labelType=new JLabel("读者类型: ");
      textType=new JTextField(15);
      panel.add(labelType);
      panel.add(textType);
      //创建读者限借标签与文本框
      JLabel labelMax=new JLabel("限借数量: ");
      textMax=new JTextField(15);
      panel.add(labelMax);
      panel.add(textMax);
      //创建确定按钮
      ok=new JButton("确定");
      ok.addActionListener(this);              //为确定按钮注册监听器
      addWindowListener(new WindowAdapter()
      { public void windowClosing(WindowEvent e)
        { System.exit(0);}
      });
      panel.add(ok);
      c.add(panel);
   }
   public void actionPerformed(ActionEvent e1){
      if(e1.getSource()==ok){
      try{
       add_reader();                           //实现读者添加功能的方法
       }catch(SQLException ee){}
      }
   }
   void add_reader()throws SQLException{        //定义方法体并抛出异常
      String str1,str2,str3,str4;
      int int1;
      str1=textId.getText();
      str2=textName.getText();
      str3=textPassword.getText();
      str4=textType.getText();
      int1=Integer.parseInt(textMax.getText());
      try{
        Class.forName("sun.jdbc.odbc.JdbcOdbcDriver");
        }catch(ClassNotFoundException ew){}
      Connection con=DriverManager.getConnection("jdbc:odbc:lib");
      PreparedStatement pstmt=con.prepareStatement("insert into lib_reader
      values (?,?,?,?,?,0)");
      pstmt.setString(1,str1);
      pstmt.setString(2,str2);
```

```
        pstmt.setString(3,str3);
        pstmt.setString(4,str4);
        pstmt.setInt(5,int1);
        pstmt.executeQuery();
        pstmt.close();
      con.close();
    }
    public static void main(String args[]){
    addreader frame=new addreader();
    frame.setDefaultCloseOperation(JFrame.EXIT_ON_CLOSE);
    frame.setSize(300,260);
    frame.setVisible(true);
      }
  }
```

8.3.3 "删除读者"模块

删除读者信息同样也是图书管理系统的一个重要的功能界面。如果学生或者教职工离开学校，此时系统就要删除相应的读者记录，维护系统数据库的一致性。但是要确保读者所有借阅图书必须归还，之后才能进行删除。

和增加读者模块一样，删除读者也只能由管理员来完成。假定管理员成功登录系统，此时单击主窗口【读者管理】中的【删除读者】子菜单，进入到删除读者的前台界面，如图 8-10 所示。

图 8-10　"删除读者" 窗口

在这个窗口中，管理员输入正确的读者编号，单击【确定】按钮即可完成删除操作。实现功能的代码如下：

实现该页面的相关代码如下：

```
/* 程序文件名称: delreader.java
 *功能: 实现读者删除功能
 **/
import java.applet.*;
import javax.swing.*;
import java.awt.*;
import java.sql.*;
import java.awt.event.*;
class delreader extends JFrame implements ActionListener{
  private JTextField textId;
  private JButton ok;
  public delreader(){
    super("删除读者");
    Container c=getContentPane();
    JPanel panel=new JPanel();
    //创建读者编号标签与文本框
    JLabel labelId=new JLabel("读者编号: ");
    textId=new JTextField(15);
```

```
    panel.add(labelId);
    panel.add(textId);
    //创建确定按钮
    ok=new JButton("确定");
    ok.addActionListener(this);              //为确定按钮注册监听器
    addWindowListener(new WindowAdapter()
    {  public void windowClosing(WindowEvent e)
      { System.exit(0);}
    });
    panel.add(ok);
    c.add(panel);
  }
  public void actionPerformed(ActionEvent e1){
    if(e1.getSource()==ok){
    try{
    ID();                                    //删除读者信息方法
    }catch(SQLException ee){}
    }
  }
  //删除读者信息之前要确保没有任何借书记录，否则就会出现错误
  void ID()throws SQLException{
      String str1;
      str1=textId.getText();
      try{
        Class.forName("sun.jdbc.odbc.JdbcOdbcDriver");
        }catch(ClassNotFoundException ew){}
      Connection con=DriverManager.getConnection("jdbc:odbc:lib");
      PreparedStatement pstmt=con.prepareStatement("delete lib_reader where
      read_id=?");
      pstmt.setString(1,str1);
      pstmt.executeQuery();
      pstmt.close();
      con.close();
    }
  public static void main(String args[]){
  delreader frame=new delreader();
  frame.setDefaultCloseOperation(JFrame.EXIT_ON_CLOSE);
  frame.setSize(300,100);
  frame.setVisible(true);
    }
  }
```

8.3.4 "图书查询"模块

读者和管理员都可以完成图书查询功能，其目的是为了查看图书的相关信息，特别是该图

书是否借出和是否被预订。单击主窗口【图书管理】下拉菜单中的【图书查询】子菜单，进入到查询图书信息状态的界面，如图 8-11 所示。

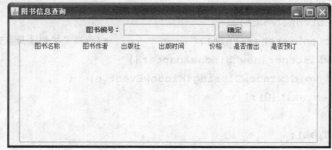

图 8-11 "图书信息查询"窗口

在这个界面中要输入正确的图书编号，否则系统会提示"要查询图书不存在"，如图 8-12 所示。假定此时输入的图书编号为"G11.11"，系统显示如图 8-13 所示。

图 8-12 提示查询出错

图 8-13 正确显示查询结果

实现上述功能代码如下：

```java
/* 程序文件名称: bookinf.java
 *功能: 实现图书查询功能
 **/
import java.applet.*;
import javax.swing.*;
import java.awt.*;
import java.sql.*;
import java.awt.event.*;
class bookinf extends JFrame implements ActionListener{
  private JTextField textId;
  private JTextArea tArea;
  private JButton ok;
  public bookinf(){
    super("图书信息查询");
    Container c=getContentPane();
    JPanel panel=new JPanel();
    //创建读者编号标签与文本框
    JLabel labelId=new JLabel("图书编号: ");
    textId=new JTextField(15);
    panel.add(labelId);
    panel.add(textId);
    //创建确定按钮
```

```
    ok=new JButton("确定");
    ok.addActionListener(this);                //为确定按钮注册监听器
    addWindowListener(new WindowAdapter()
    {  public void windowClosing(WindowEvent e)
       {  System.exit(0);}
    });
    panel.add(ok);
    //创建查询结果显示区域
    tArea=new JTextArea(10,50);
    tArea.setEditable(false);
    JScrollPane st=new JScrollPane(tArea);
    panel.add(st);
    c.add(panel);
}
public void actionPerformed(ActionEvent e1){
   if(e1.getSource()==ok){
     tArea.setText(" 图书名称"+" 图书作者"+"出版社"+" 出版时间"+"价格"+"是否借出
     "+"是否预订"+'\n');
     display();
   }
}
void display(){                              //显示查询的结果
     try{
       String str1,bn,ba,bps,bd,bpc,bs,br;
       str1=textId.getText();
       Class.forName("sun.jdbc.odbc.JdbcOdbcDriver");
       Connection con=DriverManager.getConnection("jdbc:odbc:lib");
       PreparedStatement pstmt=con.prepareStatement("select * from lib_book
       where  book_id=?");
       pstmt.setString(1,str1);
       ResultSet rs=pstmt.executeQuery();
       if(rs.next()){
          bn=rs.getString("book_name");
          ba=rs.getString("book_author");
          bps=rs.getString("book_press");
          bd=rs.getString("book_date").substring(0,10);
          bpc=rs.getString("book_price");
          bs=rs.getString("book_state");
          br=rs.getString("book_reserve");
          tArea.append(""+bn.trim()+""+ba+""+bps.trim()+""+bd+""+bpc+""+
          bs+""+br+'\n');
       }
       else
       {
          JOptionPane.showMessageDialog(this,"要查询图书不存在","错误",JOptionPane.
```

```
                ERROR_MESSAGE);
        }
        pstmt.close();
        con.close();
    }catch(ClassNotFoundException e){
        System.out.println(e.getMessage());
    }catch(SQLException edd){
        edd.printStackTrace();
        System.out.println(edd.getMessage());
    }
    class ValidFailedException extends SQLException{
        public ValidFailedException(){}
        public ValidFailedException(String reason){
            super(reason);
        }
    }
    public static void main(String args[]){
        bookinf frame=new bookinf();
        frame.setDefaultCloseOperation(JFrame.EXIT_ON_CLOSE);
        frame.setSize(600,260);
        frame.setVisible(true);
    }
}
```

8.3.5 "图书预订"模块

单击主窗口【图书管理】下拉菜单中的【图书预订】子菜单，进入到预订图书的界面，如图 8-14 所示。在这界面中输入正确的读者编号和读者密码，以及读者要预订的图书编号。如果输入正确，则预订成功，此时表"lib_book"中"book_reserve"字段的值被设定为"yes"。

如果输入的姓名或密码有误，则系统会提示相应的出错信息，如图 8-7 和 8-8 所示。

一旦图书被某个读者预订，就不能被别的读者借出，直到预订被该读者自行取消或超出预订的期限由系统自动取消。在本实例中，关于取消图书预订模块的代码和实现过程并未给出，请读者自行思考和完成。

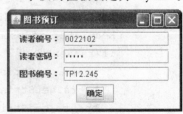

图 8-14　"图书预订"窗口

实现上述功能代码如下：

```
/* 程序文件名称: bookreserve.java
 *功能: 实现图书预订功能
 **/
Import java.applet.*;
import javax.swing.*;
import java.awt.*;
import java.sql.*;
import java.awt.event.*;
```

```java
class readerreserve extends JFrame implements ActionListener{
  private JTextField textId1,textId2;
  private JPasswordField textPassword;
  private JButton ok;
  public readerreserve(){
   super("图书预订");
   Container c=getContentPane();
   JPanel panel=new JPanel();
   //创建读者编号标签与文本框
   JLabel labelId1=new JLabel("读者编号: ");
   textId1=new JTextField(15);
   panel.add(labelId1);
   panel.add(textId1);
   //创建读者密码标签与文本框
   JLabel labelPassword=new JLabel("读者密码: ");
   textPassword=new JPasswordField(15);
   panel.add(labelPassword);
   panel.add(textPassword);
   //创建图书编号标签与文本框
   JLabel labelId2=new JLabel("图书编号: ");
   textId2=new JTextField(15);
   panel.add(labelId2);
   panel.add(textId2);
   //创建确定按钮
   ok=new JButton("确定");
   ok.addActionListener(this);         //为确定按钮注册监听器
   addWindowListener(new WindowAdapter()
   { public void windowClosing(WindowEvent e)
     { System.exit(0);}
   });
   panel.add(ok);
   c.add(panel);
  }
  public void actionPerformed(ActionEvent e1){
    if(e1.getSource()==ok){
       ID();
     }
  }
  void ID(){
      try{
      String str1,str2;
      str1=textId1.getText();
      str2=textPassword.getText();
      Class.forName("sun.jdbc.odbc.JdbcOdbcDriver");
      Connection con=DriverManager.getConnection("jdbc:odbc:lib");
```

```
    PreparedStatement pstmt=con.prepareStatement("select read_psw from
    lib_reader where read_id=?");
    pstmt.setString(1,str1);
    ResultSet rs=pstmt.executeQuery();
    if(rs.next())
    {
        if(!(str2.trim().equals(rs.getString("read_psw").trim()))){
            JOptionPane.showMessageDialog(this,"读者密码错误","错误
            ",JoptionPane.ERROR_MESSAGE);
        }else{
            reserve();        //如果读者编号和密码正确,则执行预订功能
        }
    }
    else
    {
    JOptionPane.showMessageDialog(this,"读者不存在","错误
    ",JoptionPane.ERROR_MESSAGE);
    }
    pstmt.close();
    con.close();
      }catch(ClassNotFoundException e){
        System.out.println(e.getMessage());
      }catch(SQLException edd){
        edd.printStackTrace();
        System.out.println(edd.getMessage());
      }
  }
void reserve(){              //图书信息表中实现"预订了书,则图书预订状态改为 yes"
    try{
    String str3=textId2.getText();
    Class.forName("sun.jdbc.odbc.JdbcOdbcDriver");
    Connection con=DriverManager.getConnection("jdbc:odbc:lib");
    PreparedStatement pstmt=con.prepareStatement("update lib_book set
    book_reserve=? where book_id=?");
    pstmt.setString(1,"yes");
    pstmt.setString(2,str3);
    pstmt.executeUpdate();
    pstmt.close();
    con.close();
      }catch(ClassNotFoundException e){
        System.out.println(e.getMessage());
      }catch(SQLException edd){
        edd.printStackTrace();
        System.out.println(edd.getMessage());
      }
```

```
    }
    class ValidFailedException extends SQLException{
    public ValidFailedException(){}
    public ValidFailedException(String reason){
      super(reason);
     }
    }
   public static void main(String args[]){
   readerreserve frame=new readerreserve();
   frame.setDefaultCloseOperation(JFrame.EXIT_ON_CLOSE);
   frame.setSize(280,100);
   frame.setVisible(true);
     }
   }
```

8.3.6 "借书"模块

这个功能是图书管理系统的核心部分,必须处理好这个功能,帮助读者完成这项功能。选择【借阅管理】下拉菜单中的【借书】子菜单,进入到借书模块的界面,如图 8-15 所示。

在本实例中,只要输入读者编号和图书编号,便可完成借书功能。但是有几点需要说明:

(1)如果输入的读者所借书目已经达到了限借数量,则会提示如图 8-16 所示的信息。

| 图 8-15 "借书模块"窗口 | 图 8-16 读者借书数量已满 |

(2)如果输入的读者编号没有问题,则判断输入的图书编号,如果其对应的"book_state"字段值为"借出",则会提示如图 8-17 所示信息。

(3)如果输入的图书尚未借出,再判断是否有预订。如果字段"book_reserve"的取值为"yes",则会提示如图 8-18 所示信息。

| 图 8-17 要借的图书已借出 | 图 8-18 要借图书已被预订 |

如果读者顺利完成借书,系统会修改数据库中相关字段的信息。如果要借的图书编号是 G11.11,读者的编号是 0022102,若借书成功,则会完成三项操作:

(1)修改"lib_book"表中 G11.11 对应的字段"book_state",值为"借出"。

(2)修改"lib_reader"表中 0022102 对应的字段"now_borrow"值加 1。

(3)完成图书借阅信息表的更新,即添加一条新的借阅记录,对应的"borrow_date"为当前系统的日期。

实现上述功能代码如下:

```java
/* 程序文件名称: readerborrow.java
 *功能: 实现借书功能
 **/
import java.applet.*;
import javax.swing.*;
import java.awt.*;
import java.sql.*;
import java.awt.event.*;
class readerborrow extends JFrame implements ActionListener{
  private JTextField readerId,bookId;
  private JButton ok;
  int maxnum,nownum;
  String str1,str2,psw;
  public readerborrow(){
      super("借书模块");
      Container c=getContentPane();
      JPanel panel=new JPanel();
      //创建读者编号标签与文本框
      JLabel labelId1=new JLabel("读者编号: ");
      readerId=new JTextField(15);
      panel.add(labelId1);
      panel.add(readerId);
      //创建图书编号标签与文本框
      JLabel labelId2=new JLabel("图书编号: ");
      bookId=new JTextField(15);
      panel.add(labelId2);
      panel.add(bookId);
      //创建确定按钮
      ok=new JButton("确定");
      ok.addActionListener(this);              //为确定按钮注册监听器
      addWindowListener(new WindowAdapter()
      {  public void windowClosing(WindowEvent e)
        { System.exit(0);}
      });
      panel.add(ok);
      c.add(panel);
  }
  public void actionPerformed(ActionEvent e1){
      if(e1.getSource()==ok){
        reader();                              //完成借书功能
      }
  }
  void reader(){
      try{
```

```
str1=readerId.getText();
Class.forName("sun.jdbc.odbc.JdbcOdbcDriver");
Connection con=DriverManager.getConnection("jdbc:odbc:lib");
PreparedStatement  pstmt=con.prepareStatement("select max_borrow,
    now_borrow from lib_reader where read_id=?");
pstmt.setString(1,str1);
ResultSet rs=pstmt.executeQuery();
if(rs.next())
{
  maxnum=rs.getInt("max_borrow");
  nownum=rs.getInt("now_borrow");
  if(maxnum==nownum){
    JOptionPane.showMessageDialog(this,"读者借书数量已满！","错误
    ",JoptionPane.ERROR_MESSAGE);
    }else{
    judge();
  }
}
 pstmt.close();
con.close();
  }catch(ClassNotFoundException e){
    System.out.println(e.getMessage());
  }catch(SQLException edd){
    edd.printStackTrace();
    System.out.println(edd.getMessage());
  }
}
void judge(){                    //判断该书是否已借出
  str2=bookId.getText();
  try{
  Class.forName("sun.jdbc.odbc.JdbcOdbcDriver");
  Connection con=DriverManager.getConnection("jdbc:odbc:lib");
  PreparedStatement pstmt=con.prepareStatement("select book_state,
      book_reserve from lib_book where book_id=?");
  pstmt.setString(1,str2);
  ResultSet rs=pstmt.executeQuery();
  if(rs.next())
  {
    if(rs.getString("book_state").toString().trim().equals("借出")){
      JOptionPane.showMessageDialog(this,"此书已借出！","错误
      ",JOptionPane.ERROR_MESSAGE);
      }else
    {
    if(rs.getString("book_reserve").toString().trim().equals("yes")){
        JOptionPane.showMessageDialog(this,"此书已有预订！","错误
```

```
            ",JOptionPane.ERROR_MESSAGE);
        }else{
            correct();              //修改表中图书状态字段
            nownum+=1;              //已借数量的加1
            addone();               //修改表中已借数量字段
            upborrow();             //完成图书借阅情况表的更新
        }
    }
}
    pstmt.close();
    con.close();
      }catch(ClassNotFoundException e){
        System.out.println(e.getMessage());
      }catch(SQLException edd){
        edd.printStackTrace();
        System.out.println(edd.getMessage());
      }
}
    void correct(){                       //修改图书信息表图书状态字段
      String str4="借出";
      try{
      Class.forName("sun.jdbc.odbc.JdbcOdbcDriver");
      Connection con=DriverManager.getConnection("jdbc:odbc:lib");
      PreparedStatement pstmt=con.prepareStatement("update lib_book set
      book_ state=? where book_id=?");
      pstmt.setString(1,str4);
      pstmt.setString(2,str2);
      pstmt.executeUpdate();
      pstmt.close();
      con.close();
        }catch(ClassNotFoundException e){
          System.out.println(e.getMessage());
        }catch(SQLException edd){
          edd.printStackTrace();
          System.out.println(edd.getMessage());
        }
    }
    void addone(){                        //修改读者信息表中已借数量字段
      try{
      Class.forName("sun.jdbc.odbc.JdbcOdbcDriver");
      Connection con=DriverManager.getConnection("jdbc:odbc:lib");
      PreparedStatement pstmt=con.prepareStatement("update lib_reader set
      now_borrow=? where read_id=?");
      pstmt.setInt(1,nownum);
      pstmt.setString(2,str1);
```

```
      pstmt.executeUpdate();
      pstmt.close();
      con.close();
        }catch(ClassNotFoundException e){
          System.out.println(e.getMessage());
        }catch(SQLException edd){
          edd.printStackTrace();
          System.out.println(edd.getMessage());
        }
    }
  void upborrow(){
    try{                                //完成读者借阅情况表的更新
      Class.forName("sun.jdbc.odbc.JdbcOdbcDriver");
      Connection con=DriverManager.getConnection("jdbc:odbc:lib");
      PreparedStatement pstmt=con.prepareStatement("insert into lib_borrow
      values(?,?,?,?)");
      pstmt.setString(1,str1);
      pstmt.setString(2,str2);
      pstmt.setString(3,new java.sql.Date(new
          java.util.Date().getTime()).toString());   //借书的日期即为当前的系统时间
      pstmt.setString(4,null);                        //还书的日期初始值为空
      pstmt.executeQuery();
      pstmt.close();
      con.close();
        }catch(ClassNotFoundException e){
          System.out.println(e.getMessage());
        }catch(SQLException edd){
          edd.printStackTrace();
          System.out.println(edd.getMessage());
        }
    }
  class ValidFailedException extends SQLException{
  public ValidFailedException(){}
  public ValidFailedException(String reason){
    super(reason);
    }
  }
  public static void main(String args[]){
  readerborrow frame=new readerborrow();
  frame.setDefaultCloseOperation(JFrame.EXIT_ON_CLOSE);
  frame.setSize(280,140);
  frame.setVisible(true);
    }
}
```

8.3.7 "还书"模块

和借书模块一样，这个功能也是图书管理系统的核心部分，必须处理好这个功能，帮助读者完成这项功能。选择【借阅管理】菜单中的【还书】子菜单，进入到还书模块的界面，如图 8-19 所示。

在本实例中，只要输入读者编号和图书编号，便可完成还书功能。如果读者顺利完成还书，系统会修改数据库中相关字段的信息。假设要还的图书编号是 G11.11，读者的编号是 0022102，若还书成功，则会完成以下三项操作：

图 8-19　"还书模块"窗口

（1）修改"lib_book"表中 G11.11 对应的字段"book_state"，值为"未借"。

（2）修改"lib_reader"表中 0022102 对应的字段"now_borrow"值减 1。

（3）完成图书借阅信息表的更新，即对应记录的"return_date"添加为当前系统的日期。

实现上述功能代码如下：

```
/* 程序文件名称: readerreturn.java
 *功能: 实现还书功能
 **/
import java.applet.*;
import javax.swing.*;
import java.awt.*;
import java.sql.*;
import java.awt.event.*;
class readerreturn extends JFrame implements ActionListener{
  private JTextField readerId,bookId;
  private JButton ok;
  int nownum;
  String str1,str2,psw;
  public readerreturn(){
    super("还书模块");
    Container c=getContentPane();
    JPanel panel=new JPanel();
    //创建读者编号标签与文本框
    JLabel labelId1=new JLabel("读者编号: ");
    readerId=new JTextField(15);
    panel.add(labelId1);
    panel.add(readerId);
    //创建图书编号标签与文本框
    JLabel labelId2=new JLabel("图书编号: ");
    bookId=new JTextField(15);
    panel.add(labelId2);
    panel.add(bookId);
    //创建确定按钮
    ok=new JButton("确定");
    ok.addActionListener(this);      //为确定按钮注册监听器
    addWindowListener(new WindowAdapter()
```

```java
    { public void windowClosing(WindowEvent e)
      { System.exit(0);}
    });
    panel.add(ok);
    c.add(panel);
}
public void actionPerformed(ActionEvent e1){
    if(e1.getSource()==ok){              //实现按钮事件
      rbook1();
      rbook2();
      rbook3();
    }
}
  void rbook1(){                         //读者信息表中实现"还了书,则借书数量减1"
    try{
    str1=readerId.getText();
    Class.forName("sun.jdbc.odbc.JdbcOdbcDriver");
    Connection con=DriverManager.getConnection("jdbc:odbc:lib");
    PreparedStatement pstmt1=con.prepareStatement("select now_borrow from
    lib_reader where read_id=?");
    pstmt1.setString(1,str1);
    ResultSet rs1=pstmt1.executeQuery();
    if(rs1.next()){
     nownum=rs1.getInt("now_borrow");
     }
    PreparedStatement pstmt2=con.prepareStatement("update lib_reader set
    now_borrow=? where read_id=?");
    pstmt2.setInt(1,nownum-1);
    pstmt2.setString(2,str1);
    pstmt2.executeUpdate();
    pstmt1.close();
    pstmt2.close();
    con.close();
      }catch(ClassNotFoundException e){
        System.out.println(e.getMessage());
      }catch(SQLException edd){
        edd.printStackTrace();
        System.out.println(edd.getMessage());
      }
  }
  void rbook2(){          //图书信息表中实现"还了书,则图书状态改为未借"
    try{
    str2=bookId.getText();
    Class.forName("sun.jdbc.odbc.JdbcOdbcDriver");
    Connection con=DriverManager.getConnection("jdbc:odbc:lib");
    PreparedStatement pstmt=con.prepareStatement("update lib_book set
```

```
        book_state=? where book_id=?");
        pstmt.setString(1,"未借");
        pstmt.setString(2,str2);
        pstmt.executeUpdate();
        pstmt.close();
        con.close();
          }catch(ClassNotFoundException e){
            System.out.println(e.getMessage());
          }catch(SQLException edd){
            edd.printStackTrace();
            System.out.println(edd.getMessage());
          }
      }
    void rbook3(){          //借阅信息表中实现"还了书,则还书日期即为当前系统日期"
      try{
        Class.forName("sun.jdbc.odbc.JdbcOdbcDriver");
        Connection con=DriverManager.getConnection("jdbc:odbc:lib");
        PreparedStatement pstmt=con.prepareStatement("update lib_borrow set
        return_date=? where read_id=? and book_id=?");
        pstmt.setString(1,new java.sql.Date(new
          java.util.Date().getTime()).toString());//还书的日期即为当前的系统时间
        pstmt.setString(2,str1);
        pstmt.setString(3,str2);
        pstmt.executeQuery();
        pstmt.close();
        con.close();
          }catch(ClassNotFoundException e){
            System.out.println(e.getMessage());
          }catch(SQLException edd){
            edd.printStackTrace();
            System.out.println(edd.getMessage());
          }
      }
    class ValidFailedException extends SQLException{
    public ValidFailedException(){}
    public ValidFailedException(String reason){
      super(reason);
      }
    }
    public static void main(String args[]){
    readerreturn frame=new readerreturn();
    frame.setDefaultCloseOperation(JFrame.EXIT_ON_CLOSE);
    frame.setSize(280,140);
    frame.setVisible(true);
      }
}
```

8.4 扩充和提高

本实例中的图书管理系统实现了图书管理的基本功能，但仍有许多不足和需要改进的地方，读者可以根据需要和实际情况进行补充。

（1）首先，数据库结构设计可以更加完善，表的个数、表中字段应该进一步增加。比如除了书中给出的三个主表之外，还应该有单独的读者信息表，用来存放读者的借阅信息（包括读者个人信息、所借书目、是否有预订、是否有超期记录等）。

（2）其次，对于读者管理模块，管理员除了能对个别读者的信息进行修改外，还能对读者信息进行批量修改。如将所有学生的限借书改为 6 等。对借阅证进行挂失、取消挂失的处理。

（3）对于读者和图书信息，不仅可以通过编号进行查询，而且可以提供多种查询方法。

（4）在还书期限上应该加以限定，对于逾期、损坏的图书应进行罚款处理。

（5）读者在预约图书时，要登记读者的借阅证号、联系电话、地址、E-mail 等信息，当预约图书被其他读者还回时要做记录，以便通知管理员告知预约读者。

（6）再有就是续借功能，此功能模块要对续借的次数有所限制，对已预约的图书不能再续借。

（7）可以再加入信息统计功能，这也是在报表打印模块中应该考虑的。统计的信息包括：

① 对不同种类图书的数量和库存等主要信息进行统计；

② 对每种图书在一定时期（如某一年内）的借阅次数、预约次数等信息进行统计；

③ 对不同读者的借阅情况进行统计。

本 章 小 结

本章主要对图书管理系统进行了讲解。在系统开发过程中，读者应掌握以下几方面内容：

（1）SQL Server 2000 数据库的创建以及数据表的建立和实现；

（2）Java 语言的特点和使用方法；

（3）JDBC 连接数据库的方式和注意事项；

（4）系统按钮事件的处理。

除此之外，读者应重点掌握本系统中所使用的各种 SQL 语句的执行方式和功能，特别是 SQL 查询语句。

课 后 练 习

1. 进一步熟悉和掌握 Java 程序设计语言的特点和使用方法，为了实现功能需求，能够进行基本的代码编写。

2. 请读者根据 8.4 节内容进行系统的后续设计。

第❾章

数据库设计实验

本章要点

为了巩固前面章节的内容，根据课程的特点，本章安排了较为综合的数据库设计实验。每个实验均给出了实验目的与要求、实验内容与步骤、实验问题及拓展。通过本章的学习，读者应该掌握以下内容：

- 进一步强化对数据库原理的理解
- 熟练掌握 SQL Server 数据库及表的基本操作
- 学会 T-SQL 语句的使用及其编程技巧
- 深入领会 SQL Server 数据库安全与完整性控制
- 较熟练的进行系统模块化设计和数据库的总体设计
- 熟悉 Java 的特点和使用方法

9.1 用实体联系模型（E-R 图）设计数据库

9.1.1 实验目的与要求

熟悉实体联系模型的基本概念和图形的表示方法，掌握将现实世界的事物转化成 E-R 图的基本技巧，同时要熟悉关系数据模型的基本概念，并掌握将 E-R 图转化成关系表的基本技巧。具体要求包括：

（1）根据需求确定实体、属性和联系；

（2）将实体、属性和联系转化为 E-R 图；

（3）将 E-R 图转化为表。

9.1.2 实验内容与步骤

1. 设计表示班级与学生关系的数据库

（1）确定班级实体和学生实体的属性；

（2）确定班级和学生之间的联系，给联系命名并指出联系的类型；

（3）确定联系本身的属性；

（4）画出班级与学生关系的 E-R 图；

（5）将 E-R 图转化为关系模式。

2．设计表示学校与校长关系的数据库

（1）确定学校实体和校长实体的属性；

（2）确定学校和校长之间的联系，给联系命名并指出联系的类型；

（3）确定联系本身的属性；

（4）画出学校与校长关系的 E-R 图；

（5）将 E-R 图转化为关系模式。

3．设计表示顾客与商品关系的数据库

（1）确定顾客实体和商品实体的属性；

（2）确定顾客和商品之间的联系，给联系命名并指出联系的类型；

（3）确定联系本身的属性；

（4）画出顾客与商品关系的 E-R 图；

（5）将 E-R 图转化为关系模式。

4．设计表示房地产交易中客户、业务员和合同三者之间关系的数据库

（1）确定客户实体、业务员实体和合同实体的属性；

（2）确定客户、业务员和合同三者之间的联系，给联系命名并指出联系的类型；

（3）确定联系本身的属性；

（4）画出客户、业务员和合同三者关系 E-R 图；

（5）将 E-R 图转化为关系模式。

9.1.3　实验问题及拓展

（1）对于理解 E-R 模型的基本概念和掌握图形的表示方法，重点和难点分别是什么？

（2）自行总结将现实世界的事物转化成 E-R 图，进而转化成关系表的基本技巧。

（3）现实生活中还有哪些实例可以通过本实验所述思路加以解决，请列举一二。

9.2　创建和更新数据库

9.2.1　实验目的与要求

通过本实验，要熟悉 SQL Server 2000 企业管理器环境，并掌握创建数据库和表的操作，同时能对数据库进行更新操作，具体实验要求包括：

（1）创建 XSCJ 数据库；

（2）在 XSCJ 数据库中创建学生情况表 XSQK、课程表 KC、学生成绩表 XS_KC；

（3）在 XSQK、KC、XS_KC 表中输入数据；

（4）用 SQL 语句向数据表添加记录；

（5）用 SQL 语句修改数据表的数据内容；

（6）用 SQL 语句删除数据表纪录。

9.2.2 实验内容与步骤

（1）启动 SQL Server 企业管理器，打开"SQL Server Enterprise Mananger"窗口，并在左边的目录树结构中选择【数据库】文件夹。

（2）选择【操作】菜单中的【新建数据库】命令，打开"数据库属性"对话框，并在【名称】框内输入数据库名称 XSCJ。

（3）单击【确定】按钮，完成 XSCJ 数据库的创建。

（4）打开刚才创建的【XSCJ】文件夹，并在【SQL Server Enterprise Mananger】窗口的右边窗口中选择【表】对象。

（5）选择【操作】菜单中的【新建表】命令，打开 SQL Server 的表编辑器窗口。

（6）根据表 9-1 所示的表结构增加新列。

表 9-1　学生情况表 XSQK 的结构

列　　名	数据类型	长　度	是否允许为空值	默认值	说　　明
学号	char	6	N		主键
姓名	char	8	N		
性别	bit	1	N		男 1，女 0
出生日期	smalldatetime	4	N		
专业名	char	10	N		
所在系	char	10	N		
联系电话	char	11	Y		

（7）点击快捷工具栏上的快捷按钮，在弹出的"选择名称"对话框中输入表名 XSQK，然后单击【确定】按钮，关闭表编辑器窗口，完成新表的创建。

（8）打开【表】对象，在"SQL Server Enterprise Manager"的右边窗口中选择刚才创建的【XSQK】表。

（9）选择【操作】菜单中的【打开表】子菜单下的【返回所有行】命令，打开表的数据记录窗口。

（10）输入的学生情况数据记录见表 9-2。

表 9-2　学生情况记录

学　号	姓　名	性　别	出生日期	专　业	所在系	联系电话
080101	杨颖	0	1989-7-20	计算机应用	计算机	2221411
080102	方露露	0	1988-1-15	计算机应用	计算机	2221411
080103	俞奇军	1	1989-2-20	网络工程	计算机	2221423
080104	胡国强	1	1990-11-7	网络工程	计算机	2221423
080301	薛冰	1	1990-7-29	通讯工程	电子系	2083336
080302	秦盈飞	0	1989-3-10	通讯工程	电子系	2083341
080501	董含静	0	1989-9-25	电子商务	经管系	2221433
080502	陈伟	1	1989-8-7	电子商务	经管系	2221420
080503	陈新江	1	1988-7-20	电子商务	经管系	2221420

（11）用同样的方法，建立课程表 KC，表的结构见表 9-3 所示，表的内容见表 9-4 所示。

表 9-3　课程表 KC 的结构

列　名	数据类型	长　度	是否允许为空值	默 认 值	说　明
课程号	char	3	N		主键
课程名	char	20	N		
教师	char	10			
开课学期	tinyint	1			只能 1-6
学时	tinyint	1		60	
学分	tinyint	1	N		

表 9-4　课程表 KC 的记录

课 程 号	课 程 名	教　师	开课学期	学　时	学　分
101	计算机原理	曲风娟	2	64	3
102	计算方法	贾振华	3	64	3
103	操作系统	赵辉	2	64	4
104	数据库原理及应用	李建义	3	72	5
105	网络基础	邹彭涛	4	45	3
106	高等数学	江志超	1	90	6
107	英语	曹辉	1	90	6
108	VB 程序设计	陈征峰	3	72	5

（12）同样的方法，建立成绩表 XS_KC，表的结构见表 9-5 所示，表的内容见表 9-6 所示。

表 9-5　成绩表 XS_KC 的结构

列　名	数据类型	长　度	是否允许为空值	默 认 值	说　明
学号	char	6	N		外键
课程号	char	3	N		外键
成绩	tinyint	1			0-100 之间

表 9-6　成绩表 XS_KC 的记录

学　号	课 程 号	成　绩
080101	101	85
080101	102	87
080101	107	88
080102	101	58
080102	102	63
080102	107	76
080302	101	55
080302	105	80
080303	101	57
080504	106	71

（13）使用 SQL 语言向表中添加一条记录，比如向课程表（表名为 KC）中添加一条记录：INSERT INTO KC VALUES（'109'，'专业英语'，'崔玉宝'，5, 54, 3）。

（14）使用 UPDATE 语句修改课程表（KC）记录数据，将课程名为"VB 程序设计"的纪录改为书名"VB 高级程序开发"。

（15）使用的 DELETE 语句，删除成绩表（XS_KC）中学号为"080504"，课程号为"106"的那条记录。

9.2.3　实验问题及拓展

（1）本实验中，创建和更新数据库时要合理设计和安排好记录内容，注意表之间的记录关联性，并且要将记录内容保存好。

（2）在 SQL 语句书写格式上，要注意标点符号应该是半角字符，特别是当中有中文字符的时候；而且还要注意字符串常量要带单引号，这与数值常量不同。

（3）读者可自行根据给定的数据库和表，使用 SQL 语言进行数据的更新操作，并分析得到的结果。

9.3　查询数据库

9.3.1　实验目的与要求

通过本实验，熟悉 SQL Server 2000 查询分析器环境，掌握基本的 SELECT 查询及其相关子句的使用，并掌握复杂的 SELECT 查询，如多表查询、子查询、连接和联合查询，具体实验要求包括：

（1）启动 SQL Server 2000 查询分析器环境；

（2）涉及多表的简单查询；

（3）涉及多表的复杂查询。

9.3.2　实验内容与步骤

（1）启动 SQL Server 查询分析器，打开"SQL 查询分析器"窗口。

（2）在"SQL 查询分析器"窗口中选择要操作的数据库，如"XSCJ"数据库。

（3）在 KC 表中查询学分低于 3 的课程信息，并按课程号升序排列。在查询命令窗口中输入以下 SQL 查询命令并执行：

```
SELECT * FROM  KC
   WHERE  KC.学分<3
ORDER  BY 课程号
```

（4）在 XS_KC 表中按学号分组汇总学生的平均分，并按平均分的降序排列。

```
SELECT 学号,平均分=AVG(成绩)  FROM  XS_KC
  GROUP BY  学号
ORDER BY  平均分 DESC
```

（5）在 XS_KC 表中查询选修了 2 门以上课程的学生学号。

```
SELECT 学号 FROM XS_KC
  GROUP BY  学号
HAVING COUNT(*)>2
```

（6）按学号对不及格的成绩记录进行明细汇总。

```
SELECT 学号,课程号,成绩 FROM  XS_KC
   WHERE  成绩<60
ORDER BY 学号
COMPUTE  COUNT(成绩) BY  学号
```

（7）分别用子查询和连接查询，求 101 号课程不及格的学生信息。

● 用子查询

```
SELECT 学号,姓名,联系电话  FROM XSQK
  WHERE 学号 IN
   (SELECT 学号
    FROM XS_KC
   WHERE  课程号='101'AND  成绩<60
   )
```

● 用连接查询

```
SELECT 学号,姓名,联系电话  FROM XSQK
  JOIN XS_KC  ON XSQK.学号=XS_KC.学号
  WHERE 课程号='101'AND  成绩<60
```

（8）用连接查询在 XSQK 表中查询住在同一寝室的学生，即其联系电话相同。

```
SELECT A.学号,A.姓名,A.联系电话  FROM  XSQK A JOIN XSQK  B ON  A.联系电话=B.联系电话
WHERE  A.学号!=B.学号
```

9.3.3 实验问题及拓展

（1）查询 XSQK 表中所有的系名。

（2）查询有多少同学选修了课程。

（3）查询有多少同学没有选课。

（4）查询与杨颖同一个系的同学姓名。

（5）查询选修了课程的学生的姓名、课程名与成绩。

（6）统计每门课程的选课人数和最高分。

（7）统计每个学生的选课门数和考试总成绩，并按选课门数的降序排列。

9.4 T-SQL 语句的使用

9.4.1 实验目的与要求

学习和掌握使用 T-SQL 语言完成简单的编程，具体要求如下：

（1）T-SQL 语言中变量的定义及使用练习；

（2）T-SQL 语言中常用运算符的练习；

（3）T-SQL 语言中常用系统函数和用户自定义函数的练习；

（4）T-SQL 语言中常用流程控制语句的练习和使用，包括 BEGIN…END、IF…ELSE、WHILE…CONTINUE…BREAK、GOTO、WAITFOR、RETURN。

9.4.2 实验内容与步骤

（1）创建一个 STUDENT 数据库，包括 3 个表：学生信息表（T_STUDENT）、课程信息表（T_COURSE）、成绩表（T_SCORE），分别见表 9-7、9-8、9-9。

表 9-7　T_STUDENT 表中的数据

S_NUMBER	S_NAME	SEX	BIRTHDAY	POLITY
0752101	刘萱毅	男	1989-1-23	党员
0752102	李宁佳	女	1988-7-12	团员
0752103	窦洁	女	1988-10-1	团员
0752104	汪薇	女	1989-2-18	团员
0752105	张世辉	男	1987-3-9	群众

表 9-8　T_COURSE 表中的数据

C_NUMBER	C_NAME	CREDIT
20010201	英语	3
20010202	体育	2
20010203	高等数学	3
20010204	计算机文化基础	4
20010205	程序设计基础	4

表 9-9　T_SCORE 表中的数据

S_NUMBER	C_NUMBER	SCORE
0752101	20010203	57
0752102	20010203	73
0752103	20010203	86
0752104	20010203	91
0752105	20010205	56

（2）变量的使用练习。

在 T_SCORE 表中，求 07521 班学生高等数学课程的最高分和最低分的学生信息，包括学号、姓名、课程名、成绩 4 个字段。

（3）运算符的使用练习。

查询 07521 班的学生信息，要求列出的字段为：班级、本班内的学号、姓名、性别、出生日期、政治面貌。

（4）函数的使用练习。

① 从 STUDENT 数据库中返回 T_STUDENT 表的第 4 列的名称，以及 T_STUDENT 表的 S_NUMBER 列的长度。

② 查询 T_STUDENT 表的学生信息，要求显示的字段为：学号、姓名、性别和学生的年龄。

③ 编写一个用户自定义函数 FUN_SUMSCORES，要求根据输入的班级号和课程号，求此班此门课程的总分。并求 T_SCORE 表中的各个班级的各门课程的总分。

（5）流程控制语句的使用练习。

① 根据 T_SCORE 表中的考试成绩，查询 07521 班学生高等数学的平均成绩，并根据平均成绩输出相应的提示信息。

② 查询 07521 班学生的考试情况，并根据考试分数输出考试等级，当分数大于等于 90 分，输出"优"，当分数在 80 至 90 之间，输出"良"，当分数在 70 至 80 之间，输出"中"，当分数在 60 至 70 之间，输出"及格"，当分数在 60 分以下，输出"不及格"。

9.4.3 实验问题及拓展

（1）SELECT 语句是 SQL 语言的核心和重点，使用也最广泛，因此要熟练掌握。

（2）与高级语言类似，T-SQL 语言也存在变量、运算符、控制流语句和函数等概念，但是由于它是和数据库紧密结合在一起的，因此在细节上和高级语言有很大的差别。

（3）用户定义函数是 SQL Server 2000 新增的功能，使用户能更方便地使用 T-SQL 语言进行编程，扩展了 T-SQL 语言的功能。

（4）学习设计和使用用户自定义函数，例如：

编写一个自定义函数，功能是查询给定姓名的学生，如果没有找到则返回 0，否则返回满足此条件的学生人数，主程序调用这个函数，查询姓名为"李宁佳"的学生，并根据函数的返回值进行输出。

9.5 存储过程的实现

9.5.1 实验目的与要求

掌握实现存储过程的步骤和方法，具体要求如下：

（1）掌握用户存储过程的创建操作；

（2）掌握用户存储过程的执行操作；

（3）掌握用户存储过程的删除操作。

9.5.2 实验内容与步骤

（1）创建带输入参数的存储过程。

① 启动 SQL Server 查询分析器，打开"SQL 查询分析器"窗口。选择要操作的数据库，如"XSCJ"数据库。

② 在查询命令窗口中输入创建存储过程的 CREATE PROCEDURE 语句。

这里，我们创建一个带输入参数的存储过程 proc_XSQK1，其中的输入参数用于接收课程号，默认值为"101"，然后在 XS_KC 表中查询该课成绩不及格的学生学号，接着在 XSQK 表中查找这些学生的基本信息，包括学号、姓名、性别和联系电话信息，最后输出。见图 9-1 所示。

③ 点击快捷工具栏上的快捷按钮，对输入的 CREATE PROCEDURE 语句进行语法分析。如果有语法错误，则进行修改，直到没有语法错误为止。

④ 点击快捷工具栏上的快捷按钮，执行 CREATE PROCEDURE 语句。

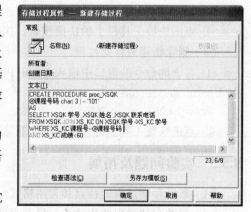

图 9-1 创建存储过程

（2）创建带嵌套调用的存储过程。

① 在查询命令窗口中输入创建存储过程的 CREATE PROCEDURE 语句。

这里，我们创建一个带嵌套调用的存储过程 proc_XSQK2。该存储过程也有一个输入参数，它用于接收授课教师姓名，默认值为"王颐"，然后嵌套调用存储过程 proc_课程号，输出其所授课程的课程号，接着用此课程号来完成上一部分实验中所创建的存储过程 proc_XSQK1 的功能。相应的 CREATE PROCEDURE 语句如下：

```
DECLARE  @课程号 char(3)
--嵌套调用存储过程proc_课程号
EXECUTE  proc_课程号
    @授课老师，@课程号 OUTPUT
--查询指定课程成绩不及格的学生的基本信息
SELECT XSQK.学号,XSQK.姓名,XSQK.性别,XSQK.联系电话
FROM XSQK ,XS_KC
WHERE XS_KC.课程号=@课程号
AND XS_KC.成绩<60
AND XSQK.学号=XS_KC.学号
```

PROC_课程号的存储过程如下：
```
CREATE PROCEDURE PROC_课程号
@教师  CHAR(10)= '王颐',
@课程号码  CHAR(3)  OUTPUT
AS
SELECT @课程号码=课程号  FROM  KC
WHERE  KC.教师=@教师
```

② 点击快捷工具栏上的快捷按钮，对输入的 CREATE PROCEDURE 语句进行语法分析。如果有语法错误，则进行修改，直到没有语法错误为止。

③ 点击快捷工具栏上的快捷按钮，执行 CREATE PROCEDURE 语句。

（3）执行所创建的两个存储过程。

① 在查询命令窗口中输入以下 EXECUTE 语句，执行存储过程 proc_XSQK1。
```
EXECUTE proc_XSQK1'101'
```

② 点击快捷工具栏上的快捷按钮，执行存储过程。

③ 在查询命令窗口中输入以下 EXECUTE 语句，执行存储过程 proc_XSQK2。
```
EXECUTE proc_XSQK2  DEFAULT
```

④ 点击快捷工具栏上的快捷按钮，执行存储过程。

（4）删除新建的存储过程。

① 在查询命令的窗口中输入 DROP PROCEDURE 语句和所有新创建的存储过程名。
```
DROP PROCEDURE
Proc_XSQK1,proc_XSQK2
```

② 点击快捷工具上的快捷按钮，删除存储过程。

9.5.3 实验问题及拓展

（1）掌握存储过程的特点和常用格式。

（2）熟悉存储过程的优缺点，思考存储过程中临时表的创建问题。

9.6 触发器的实现

9.6.1 实验目的与要求

学习和掌握触发器的实现过程，具体要求如下：

（1）掌握触发器的创建、修改和删除操作；

（2）掌握触发器的触发执行；

（3）掌握触发器与约束的不同。

9.6.2 实验内容与步骤

（1）创建触发器。

① 启动 SQL Server 查询分析器，打开"SQL 查询分析器"窗口,选择要操作的数据库，如"XSCJ"数据库。

② 在查询命令窗口中输入以下 CREATE TRIGGER 语句，创建触发器。

为 XS_KC 表创建一个基于 UPDATE 操作和 DELETE 操作的复合型触发器，当修改了该表中的成绩信息或者删除了成绩记录时，触发器被激活生效，显示相关的操作信息。

```
--创建触发器
CREATE TRIGGER tri_UPDATE_DELETE_XS_KC
ON XS_KC
FOR UPDATE, DELETE
AS
--检测成绩列表是否被更新
IF UPDATE(成绩)
  BEGIN
    --显示学号,课程号,原成绩和新成绩信息
    SELECT INSERTED.课程号,DELETED.成绩 AS 原成绩,
    INSERTED.成绩 AS 原成绩
    FROM DELETED,INSERTED
    WHERE DELETED.学号=INSERTED.学号
  END
  --检测是更新还是删除操作
  ELSE IF COLUMNS_UPDATED( )=0
  BEGIN
    --显示被删除的学号,课程号和成绩信号
    SELECT 被删除的学号=DELETED.学号,DELETED.课程号,
    DELETED.成绩 AS 原成绩
    FROM DELETED
  END
ELSE
    --返回提示信息
PRINT ' 更新了非成绩列！'
```

③ 点击快捷工具栏上的快捷按钮，完成触发器的创建。

（2）激发触发器。

① 在查询命令窗口中输入以下 UPDATE XS_KC 语句，修改成绩列，激发触发器。

```
UPDATE XS_KC
SET 成绩=成绩+5
WHERE 课程号='101'
```

② 在查询命令窗口中输入以下 UPDATE XS_KC 语句，修改非成绩列，激发触发器。

```
UPDATE XS_KC
```

```
SET 课程号='113'
WHERE 课程号='103'
```

③ 在查询命令窗口中输入以下 DELETE XS_KC 语句，删除成绩记录，激发触发器。

```
DELETE XS_KC
WHERE 课程号='102'
```

（3）比较约束与触发器的不同作用期。

① 在查询命令窗口中输入并执行以下 ALTER TABLE 语句，为 XS_KC 表添加一个约束，使得成绩只能大于等于 0 且小于等于 100。

```
ALTER TABLE XS_KC
ADD CONSTRAINT CK_成绩
CHECK(成绩>=0 AND 成绩<=100)
```

② 在查询命令窗口中输入并执行以下 UPDATE XS_KC 语句，查看执行结果。

```
UPDATE XS_KC
SET 成绩=120
WHERE 课程号='108'
```

③ 在查询命令窗口中输入执行以下 UPDATE XS_KC 语句，查看执行结果。

```
UPDATE XS_KC
SET 成绩=90
WHERE 课程号='108'
```

从这部分实验中，我们可以看到，约束优先于触发器起作用，它在更新前就生效，以对要更新的值进行规则检查。当检查到与现有规则冲突时，系统给出错误消息，并取消更新操作。如果检查没有问题，更新被执行，当执行完毕后，再激活触发器。

（4）删除新创建的触发器。

① 在查询命令窗口中输入 DROP TRIGGER 语句，删除新创建的触发器。

```
DROP TRIGGER tri_UPDATE_DELETE_XS_KC
```

② 点击快捷工具栏上的快捷按钮，删除触发器。

9.6.3 实验问题及拓展

（1）掌握创建触发器的 SQL 语法。
（2）进一步思考触发器的优点是什么。
（3）比较触发器和约束，明确它们各自的优势。

9.7 SQL Server 中的安全性控制

9.7.1 实验目的与要求

本实验的目的就是要掌握 SQL Server 数据库的安全性控制机制，具体要求包括：
（1）Windows 和 SQL Server 2000 身份验证的比较；
（2）设置登录账户；
（3）设置数据库用户；
（4）设置数据库角色；
（5）设置数据库用户权限。

9.7.2 实验内容与步骤

（1）使用企业管理器选择和设置身份验证模式。

① 打开企业管理器，在树形目录中展开一个服务器组，然后选择希望设置身份验证模式的服务器。

② 在该服务器上右击，在弹出的菜单中选择【属性】命令，打开"属性"对话框。

③ 在"属性"对话框中选择【安全性】选项卡，在【身份验证】区域中选择下列身份验证模式之一（见图 9-2）。

- SQL Server 和 Windows：指定用户可以使用 SQL Server 身份验证和 Windows 身份验证连接到 SQL Server。
- 仅 Windows：指定用户只能使用 Windows 身份验证连接 SQL Server。

④ 单击【确定】按钮，即可完成身份验证模式的选择和设置。

（2）使用企业管理器创建登录账户。

① 打开企业管理器，展开希望创建新的登录的服务器。

② 展开"安全性"文件夹，在登录节点上右击。

③ 从弹出的快捷菜单中选择【新建登录】命令，打开"新建登录"对话框。

④ 在"新建登录"对话框的【常规】选项卡中进行如下配置：

- 在【名称】文本框中输入一个 SQL Server 登录的账号名。
- 选择一种登录模式。
- 在【默认设置】区选择连接时默认的数据库 XSCJ 和语言。

⑤ 在"新建登录"对话框的【数据库访问】选项卡里，选择允许登录账户访问的数据库和分配给登录账户的数据库角色。

⑥ 单击【确定】按钮，完成登录模式的创建（见图 9-3）。

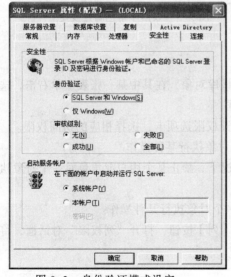

图 9-2　身份验证模式设定

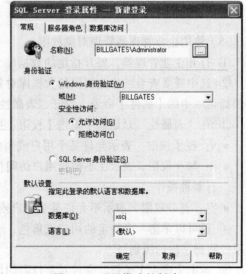

图 9-3　登录模式的创建

（3）使用企业管理器新建数据库用户。

① 打开企业管理器，在树形目录中展开指定的数据库节点。

② 选中该数据库节点的下一级节点"用户"，右击，在弹出的快捷菜单中选择【新建数据库用户】命令，见图9-4。

（4）使用企业管理器创建数据库角色。

① 打开企业管理器，在树形目录中展开指定的数据库节点。

② 选中该数据库节点的下一级节点"角色"，右击，在弹出的菜单中选择【新建数据库角色】命令。

③ 在弹出的"数据库角色属性-role_1"对话框中，进行如下操作：

● 输入名称：输入新建数据库角色的名称

● 选择角色类型：选择标准角色

● 添加用户：单击【添加】按钮向角色中添加用户

④ 单击【确定】按钮，完成数据库角色的创建。

⑤ 设置该数据库角色的权限，见图9-5。

图 9-4　数据库用户新建

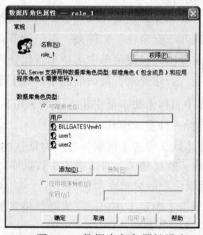

图 9-5　数据库角色属性设定

（5）使用企业管理器管理对象权限。

① 打开企业管理器，展开指定的数据库节点。

② 选中需要查看或修改权限的数据库对象，展开该库对象，在其中某一张表上单右击，选择快捷菜单中的【属性】命令，打开"表属性"对话框。

③ 在"表属性"对话框中单击【权限】按钮，打开权限选项卡，选择相应的访问权限。

● √：授予权限，表示允许某个用户或角色对一个对象执行某种操作。

● ×：禁止权限，表示在不撤销用户访问权限的情况下，禁止某个用户或角色对一个对象执行某种操作。

● 空：剥夺权限，表示不允许某个用户或角色对一个对象执行某种操作。

④ 还可以单击一个特定的用户或角色，然后单击【列】按钮，打开"列权限"对话框，将权限控制到字段的级别。

⑤ 单击【确定】按钮，完成对象权限的设置。

9.7.3　实验问题及拓展

（1）在SQL Server 2000中，账号有两种，一种是登录服务器的登录账号（login name），另外一种是使用数据库的用户账号（user name）。每个登录账号在一个数据库中只能有一个用户账号，但是每个登录账号可以在不同的数据库中各有一个用户账号。如果在新建登录账号的过程中，指定对某个数据库具有存取权限，则在该数据库中将自动创建一个与该登录账号同名的用户账号。

（2）SQL Server 的四层安全防线有何意义？

9.8 "学生成绩管理系统"的设计与开发

9.8.1 实验目的与要求

在 9.2 节中，基于学生情况表、课程表、学生成绩表，介绍了创建和更新数据库的基本操作。为了取得更好的学习效果，这里通过具体的开发实例，使读者进一步学习和掌握数据库创建和更新的基本知识，以及数据库管理系统的开发步骤和技巧，具体要求包括：

（1）熟练掌握数据库的创建过程及其常见的操作；

（2）掌握系统设计的基本方法，明确管理信息系统的概念；

（3）体验数据库技术和程序设计语言的结合；

（4）进一步熟悉和掌握 Java 语言和 JDBC 数据库连接技术。

9.8.2 实验内容与步骤

1. 应用背景分析

学生成绩管理系统是一个教育单位不可缺少的部分，它的内容对于学校的决策者和管理者来说都至关重要，所以学生成绩管理系统应该能够为用户提供充足的信息和快捷的查询手段。但一直以来人们使用传统人工的方式管理学生成绩文件，这种管理方式存在着许多缺点，如：效率低、保密性差，时间一长，将产生大量的文件和数据，这对于查找、更新和维护都带来了不少的困难。

随着科学技术的不断提高，计算机科学日渐成熟，其强大的功能已为人们深刻认识，它已进入人类社会的各个领域并发挥着越来越重要的作用。作为计算机应用的一部分，使用计算机对学生成绩信息进行管理，具有手工管理所无法比拟的优点。例如：检索迅速、查找方便、可靠性高、存储量大、保密性好、寿命长、成本低等。这些优点能够极大地提高学生成绩管理的效率，也是企业的科学化、正规化管理，与国际接轨的重要条件。

开发一个学生成绩管理系统，采用计算机对学生成绩进行管理，进一步提高了办学效益和现代化水平，提高了广大教师的工作效率，实现了学生成绩信息管理工作流程的系统化、规范化和自动化。一个高校的学生成绩管理系统可以存储历届的学生成绩档案，不需要大量的人力，只需要几名专门录入员即可操作系统，节省大量人力，可以迅速查到所需信息，高效、安全，学生也能方便地查看自己的成绩。

2. 解决方案设计

（1）管理员能够实现对学生信息的添加、修改、删除、查询等操作；对课程信息的添加、删除、修改、查询等操作；同时还要负责对成绩信息表进行信息的添加、删除、查询和修改。

（2）学生可以在自己的权限内完成对自己成绩地查询、对个人信息地查询，以及登录密码地修改等相关操作。

3．系统模块功能分析

学生成绩管理系统是典型的信息管理系统(MIS)，其开发主要包括后台数据库的建立和维护以及前端应用程序的开发两个方面。对于前者要求建立起数据一致性和完整性强、安全性好的数据库。而对于后者则要求应用程序功能完备、易使用等特点。

本系统主要完成对学生成绩的管理，包括添加、修改、删除、查询、打印信息和用户管理等6个方面。系统可以完成对各类信息的浏览、查询、添加、删除、修改等功能。

系统的核心是添加、修改和删除三者之间的联系，每一个表的修改都将联动的影响其他的表，当完成添加或删除操作时系统会自动地完成学生成绩的修改。查询功能也是系统的核心之一，在系统中主要根据学生姓名和学号进行查询，其目的都是为了方便用户使用。系统有完整的用户添加、删除和密码修改功能，并具备报表打印功能。

4．数据库设计

请读者参考前述相关章节内容自行进行设计。

- E-R 图
- 学生情况信息表（参见表 9-1、9-2）
- 课程信息表（参见表 9-3、9-4）
- 成绩信息表（参见表 9-5、9-6）

5．具体实现

明确了上述的内容之后，请读者自行设计和实现各个功能模块。

9.8.3 实验问题及拓展

（1）上述的设计和开发过程是最简单的一种状态，尚未考虑到教师身份的登录情况。因此，请读者首先设计和添加一个"教师信息表"，然后建立表之间的联系，最终对系统进行拓展和延伸。

（2）对于学生成绩管理系统而言，报表生成和打印功能显得尤为重要。但是由于报表的功能实现起来比较复杂，所以在这方面读者必须多下一些功夫，自行查阅相关专业书籍，因为在以后的实际设计中，这是必不可少的。

9.9 "简易医院信息管理系统"的设计与开发

9.9.1 实验目的与要求

通过具体的开发实例，可以使读者更好的学习和掌握数据库的基本知识和开发技巧，具体要求包括：

（1）熟练掌握数据库的创建过程及其常见的操作；
（2）掌握系统设计的基本方法，明确管理信息系统的概念；
（3）体验数据库技术和程序设计语言的结合；
（4）进一步熟悉和掌握 Java 语言和 JDBC 数据库连接技术。

9.9.2 实验内容与步骤

医院管理软件主要实现了病人信息的录入、查询、修改、统计以及相应信息的报表生成和打印。同时针对不同的系统用户，设置不同的权限，使得不同用户可以看到和操作的信息不同，以做到信息管理的安全。同时还要求系统具有处理辅助表的能力，这些辅助表为病人信息的规范提供保障。

1. 应用背景分析

医院管理是医院发展的重要保障，过去人们都利用文件资料管理医院信息，这样做既不方便，又会占用大量的资源，同时效率也非常低。如何更快更好地管理医院信息，一直是医院管理者最关心的问题。随着计算机技术的发展，医院中利用计算机的强大功能进行管理已经比较成熟。计算机介入医院管理，不仅可以提高医院就诊病人信息管理的效率，而且可以提高医院的综合管理能力。

根据实际分析，医院管理系统应该满足以下功能：

● 系统管理功能

系统管理员使用，包括用户权限管理（增加用户、删除用户、修改密码等），数据管理（提供数据修改、备份、回复等多种数据维护工具），系统运行日志，系统设置。

● 病人信息管理功能

新病人记录的录入、离去病人记录的删除、病人记录的查询、已录入病人记录的修改。

● 报表管理功能

包括满足条件病人的统计报表，被删除病人记录的统计报表等；报表有多种格式可供选择；可以把报表输出到文件中，可以预览报表、打印报表等。

● 辅助报表的处理功能

要求可以利用程序实现辅助表记录的增加、删除、修改等功能，这些辅助表主要是可以很好的规范病人信息表中的内容。

2. 解决方案设计

该系统是一个半开放的系统，只对授权用户开放。在用户输入用户名和密码后，系统验证是否正确。如果正确，显示系统功能界面，否则不显示。在登录后，用户可以进行查询、删除、添加等操作。为了简便起见，这些操作不再需要验证用户身份。利用程序避免了非授权用户对数据库的随意更改。

根据以上的分析，按照实际要求，得到以下的功能模块，如图9-6所示。

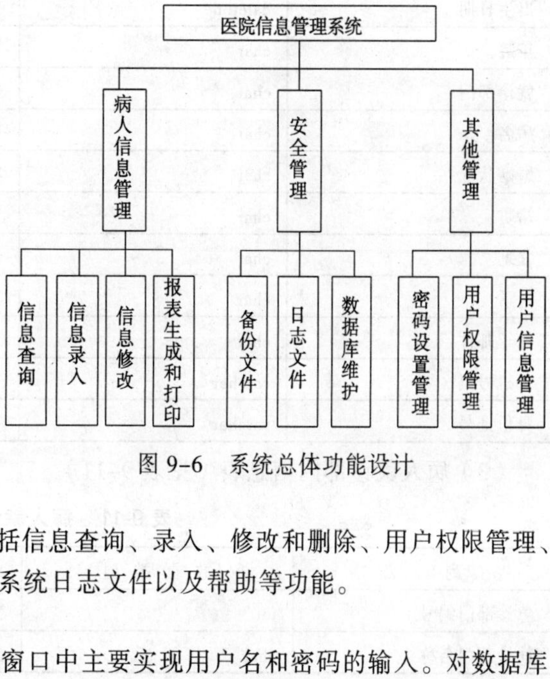

3. 系统模块功能分析

本系统包括如下功能模块，读者根据内容提示自行设计。

图9-6 系统总体功能设计

● 主功能模块

在主窗口中可以对系统进行各种操作，包括信息查询、录入、修改和删除、用户权限管理、密码管理、报表生成、报表打印、数据备份、系统日志文件以及帮助等功能。

● 登录模块

运行登录程序，将会出现登录窗口。在该窗口中主要实现用户名和密码的输入。对数据库的查找操作，如果输入的用户名和密码正确，则将相对应的用户权限的功能项设置为可用，并返回主窗口；否则，提示错误信息，按【确定】按钮后，返回登录窗口。

③ 病人信息查询模块

选择相应的查询方式，将会出现相应的查询窗口，在该窗口中输入规定格式的数据，在主窗口的显示框中将显示相应的信息；否则，提示错误信息。

④ 用户信息管理模块

在这个窗口中可以添加、删除、修改用户信息。

⑤ 病人信息添加、删除和修改模块

4．数据库设计

（1）E–R 图

该系统主要涉及 7 个实体类，分别是：病人、医生、学历、职称、用户、用户类型、就诊部门。同时该系统涉及到 5 个界面类，分别是：登录界面、主界面、病人信息管理界面、普通用户管理用户信息界面、系统管理员管理用户信息界面。

还要进一步明确的是，就诊部门和病人之间的关系是 $1:n$ 的关系，病人和学历之间的关系是 $n:1$ 的关系。其他的依此类推。

本实例的数据库 E–R 图需要读者自行分析绘制。

（2）病人信息表（见表 9–10）

表 9-10　病人信息表

列　名	数据类型	是否允许为空值	说　明
编号	int	N	主键
姓名	char	N	
性别	char	N	
出生日期	datetime	Y	
年龄	char	Y	
就诊部门	char	Y	
病名	char	Y	
婚姻状况	char	Y	
籍贯	char	Y	
住址	char	Y	
电话	char	Y	
电子邮件	char	Y	
手机号码	varchar	Y	
身份证号	varchar	Y	

（3）病人就诊部门信息表（见表 9–11）

表 9-11　病人就诊部门信息表

列　名	数据类型	是否允许为空值	说　明
急诊部门编号	int	N	主键
就诊部门名称	char	N	

（4）病人主治医生表（见表9-12）

表9-12　病人主治医生信息表

列　名	数据类型	是否允许为空值	说　明
医生编号	int	N	主键
医生名称	char	N	

（5）用户信息表（见表9-13）

表9-13　用户信息表

列　名	数据类型	是否允许为空值	说　明
病人编号	int	N	主键
用户名	char	Y	
密码	char	N	
用户类型	char	N	

5. 具体实现

明确了上述的内容之后，请读者自行设计和实现各个功能模块。

9.9.3　实验问题及拓展

（1）在设计的过程中，没有实现用户修改自己密码的功能，这就使得系统的安全还不能得到很好的保障。有兴趣的读者可以自己动手练习一下，看能否实现。

（2）由于报表的功能实现起来比较复杂，所以在这方面读者必须多下一些功夫，自行查阅相关专业书籍，因为在以后的实际设计中，这是必不可少的。

本 章 小 结

本章安排的综合数据库设计实验，只要学生按照给出的步骤认真加以操作和实现就能达到实验目的与要求。最后，为了对实验有进一步的思考和探索，读者可以参照实验问题及拓展，以求更好的实验效果。

课 后 练 习

1. 重点回顾以下主要内容：
   - 熟悉 SQL Server 2000 数据库的基本操作。
   - 熟练掌握表和索引的基本操作。
   - 能够熟练进行数据库查询操作，包括简单数据查询和高级数据查询，需要时参阅课外资料。
   - 明确 SQL Server 2000 的安全管理机制，并能够有效的进行安全性控制。
   - 掌握数据恢复技术，并熟练通过 SQL Server 2000 进行数据恢复。
2. 思考和实现每个实验后面的"实验问题及拓展"环节。

参 考 文 献

[1] 靳光辉. 数据库原理与应用. 北京：电子工业出版社，1997.

[2] 程学先. 数据库原理与技术. 北京：中国水利水电出版社，2001.

[3] 萨师煊，王珊. 数据库系统概论. 北京：高等教育出版社，2000.

[4] 罗小沛. 数据库技术. 武汉：华中理工大学出版社，2000.

[5] 杨继平，吴华. SQL Sever 2000 自学教程. 北京：清华大学出版社，2000.

[6] 飞思科技产品研发中心. SQL Server 高级管理与开发. 北京：电子工业出版社，2002.

[7] 陈志泊. 数据库原理及应用教程. 北京：人民邮电出版社，2008.

[8] 陈刚，李建义. 数据库原理及应用. 中国水利水电出版社，2003.

[9] 陶宏才. 数据库原理及设计. 北京：清华大学出版社，2004.

[10] 施伯乐，丁宝康. 数据库技术. 北京：科学出版社，2003.